梦想要有了 就别停下来

走好20几岁的人生之路

邓兮 编著

中国纺织出版社

内 容 提 要

从20岁到30岁的这十年，有的人继续深造，有的人初涉职场，有的人却在蹉跎岁月。在这人生最宝贵、最美好，精力最旺盛的十年，你总需要不断完善自我，以至于不让30岁的自己懊悔。

本书从思想、形象、人格、交际、沟通、耐力、职场等各个方面给予20岁的年轻人诸多建议。请记住这样一句话：20岁的付出，将决定你30岁以后的生活。

图书在版编目（CIP）数据

梦想要有了，就别停下来：走好20几岁的人生之路 / 邓兮编著.--北京：中国纺织出版社，2018.3

ISBN 978-7-5180-4671-3

Ⅰ.①梦… Ⅱ.①邓… Ⅲ.①人生哲学—青年读物 Ⅳ.①B821-49

中国版本图书馆CIP数据核字（2018）第018067号

责任编辑：闫　星　　特约编辑：李　杨　　责任印制：储志伟

中国纺织出版社出版发行

地址：北京市朝阳区百子湾东里A407号楼　邮政编码：100124

销售电话：010—67004422　传真：010—87155801

http：//www.c-textilep.com

E-mail：faxing@c-textilep.com

中国纺织出版社天猫旗舰店

官方微博http：//weibo.com/2119887771

三河市延风印装有限公司印刷　各地新华书店经销

2018年3月第1版第1次印刷

开本：710×1000　1/16　印张：14.5

字数：208千字　定价：36.80元

前言

20岁的你，未来十年打算如何度过？

30岁的你，前十年是如何度过的呢？

20岁的你，是否怀揣着对人生的希冀，梦想着30岁就可以出人头地，实现人生阶段的第一个目标。30岁时事业稳定步入正轨，甚至有平步青云的趋势；结识了许多志同道合的朋友，建构了强大的人脉圈子；结婚生子，有一个美满幸福的家庭。每一个20岁的年轻人，对自己的未来总会有许多不一样的版本，但无一例外地希望自己的人生能够更上一层楼。

30岁的你，是否对现在的生活不满意，曾经在20岁种下的梦想，竟然一个都没有实现。懊悔和分分钟袭来的挫折感席卷了整个身心，似乎比20岁的自己更迷茫。这十年四处奔波，工作换了无数个，30岁的你拿着20岁时的薪资；昔日的同学和朋友已渐行渐远，想找人一起吃顿饭都那么难；感情上总遇不到合意的那个人，索性对结婚也不抱什么希望。于是，在这时开始后悔，从20岁到30岁自己都干了什么？为什么这十年竟然没有一点长进？

20岁到30岁这最好的十年，是人生的重要转折点，是人生的黄金时期，当然也是决定你后半生的关键时期。假如你好好地计划这十年，人生将成功了一半，倘若依然过着得过且过的日子，那在30岁以后你将付出更多的精力去填补自己的过失。

或许，你觉得20岁的自己没资本、没能力，思想幼稚，对前途一片茫然，如何能做得了一个行之有效的十年规划呢？事实上，并非如此，20岁虽然年轻，但身上却拥有30岁未曾有的优秀品质，比如初生牛犊不怕虎，比如可以树立起来的人生观、价值观，这些都是很重要的。

20岁的你，有一个良好的思想基石，将会引领未来的人生航标；塑造完美人格，将会在未来得到更多的鲜花和掌声；注重形象，将会减缓岁月带来的痕迹。懂得吃亏，擅长交际，恰当沟通，将会源源不断地编织强大的人脉圈子。抓住机遇，敢于冒险，正确认识金钱，这样可以不断积累资本，为30岁的你做好充足准备。克制自己，懂得付出，初涉职场，可以让你在这十年里不断完善自我，并在生活和事业中有所收获。

如果20岁的你正在迷茫，如果30岁的你正在懊悔，那么不妨从这本书中重拾密钥，找回迷失的自己。

编著者

2017年6月

目录

第01章

厚积薄发——十年磨剑奠定思想基石

20岁的人生如何看待自然、如何看待社会、如何看待人生、如何看待学习与生活……20岁应该奠定思想基石，树立正确的价值观，正确对待世界和人生，实现自己的价值，30岁才能引领人生航标。

你这十年如何度过

20~30岁这十年，对每一个人来说，无疑都是最关键的黄金十年。这十年将决定我们人生事业的雏形，为后半生的幸福与成功奠定一个基础。二十几岁的选择和努力将决定你三十几岁是贫穷，是中产，还是富有。如果我们想三十几岁时不再为衣食奔波，有一个温暖的小家；四十几岁成为一个成功的人；五十岁退休仍然受人尊敬，就要在这十年里学会拼搏。

因此，怎样度过我们的黄金十年变成了一件非常重要的事。如何度过，取决于我们希望拥有怎样的人生。是轰轰烈烈，还是平平淡淡？是浑浑噩噩，还是明明白白？是命运多舛，还是一帆风顺？每个人都有自己希望过的人生，强求不来。如果人人都是比尔·盖茨，那我们还去赚谁的钱？如果人人都是马拉多纳，那还有谁去看球赛？有句话叫“强求不可得，何必用强求。随缘且随分，自然不可谋”。

有个女孩，她和男友约定要努力度过两人的一生。于是，她不断拉着男友去求学，专科毕业的他们花了很大的精力拿到了本科学位，然后去考硕士。获得硕士学位后，男友以为可以歇一歇了，没料到女友却又拉着他去考博士。男友终于忍无可忍了，于是他对兴高采烈的女友说：“我有一个朋友，父母经商，家财不计其数。他本人是博士后，而且年轻有为，现在自己开着几家公司，要不要我给你介绍一下？”女孩哭了，不久，女孩终于想清楚她要的不过是简单的幸福，他们开始快乐地生活在一起。

无论这个故事是真是假，它告诉我们的是要领悟生活的真谛。如果成功之于你是快乐的，你不妨努力地去追求。如果轻松和谐、平平淡淡才是你想要的，那么就没必要强求什么出人头地。无论你选择怎样的人生，无论顺利的、还是轻松的，只要都是我们所希望的就是无怨无悔的。

20岁，我们要走上荆棘丛生的社会，作为一个人，我们希望自己成熟、睿智、有魅力，受女孩子欢迎。希望自己的职场生涯顺利，爱情甜蜜，有一定的轻松娱乐时间，这些都无可厚非。但是怎样才能拥有这些呢？这不是一个简单的要求。我们必须在以后的十年中逐渐创造出这三个条件才可能做到。

第一，良好的身体素质和精神条件。

一个人如果看起来病恹恹的，那么无论他有怎样的理想抱负，都不能够实现。健康的体魄是成功的基础，我们切不可为了一时的利益，做出抽烟、酗酒等毁坏身体健康的事。更不可不顾身体的极限，无度地透支健康。“身体是革命的本钱”，没有健壮的体魄，一切都是空想。清楚地认识自己的精神状况，过有追求、有活力、有情趣的生活。我们站在人生的门槛上，年轻，充满活力，有梦想，清醒地意识到自己的力量，有主人翁意识，还有什么能比这样的状态更重要？良好的身体素质固然重要，但更重要的是精神健康、积极、充满活力，拥有坚强的意志力和充沛的精力。人并不是必须具有很大的块头和威武的外表，但应该具有旺盛的生命力和坚强的毅力。拥有了这些，我们才能够更有质量地享受生活。

现在，有一些年轻人，总是生活在消极厌世的情绪之中，那对我们的未来是没有任何好处的，负面情绪会带人走向毁灭，积极地追求生活中的真、善、美，有信仰，有追求，才不枉上天赐予我们的青春。

第二，良好的社会关系。

人是社会动物，无时无刻不处在与他人交往的关系中。如果我们想要顺利度过自己的职场生涯，或者取得成功，就必须处理好人际关系。现代社会是高度组织化的社会，许多人通过联合与协作才能完成个人无法完成的事情。如果我们不能拥有良好的人际关系，个人的资源和精力有限，我们就会变得狭隘。而完成伟大的事业需要许多资源的整合，没有优质的社会关系，就不能优质地整合资源，当然也就不能成就事业。在当代社会中，如何更好地与他人合作，拓展我们的人脉，拥有良好的社会关系和社会地位，是我们不得不重视的一个课题。

第三，良好的物质条件“主要指经济条件”。

二十几岁的人，在追求精神寄托的同时，同样不能忽视对于物质上的依靠。没有物质生活做后盾，再多的精神层面的东西都将成为泡影。没有面包，爱情也是不牢固的，何况事业？当然，二十几岁，我们在经营自己的事业，在获取报酬的同时，别忘了丰富精神生活；在精神物质双丰收的状况下，别忘了拓展人脉，建立良好的人际关系；当然这些都是建立在健康的身体之上的。所以，二十几岁，我们要重视健康、薪水、情趣、社会关系，在这几方面都要着重修炼。二十几岁不怕吃苦，最怕不知道想要什么，最怕迷茫，不知道怎样度过。

20岁，重要的是我们想清楚自己想要什么样的人生，对自己的事业、生活、未来十年有一定的规划，才可能在接下来的日子里清醒、不迷茫、顺畅。

20~30岁的你打算如何度过这十年？你想好了吗？如果没有一定的计划，或者计划不详细，就会浪费我们很多精力。不断思考这个问题，能够让我们对于未来有更清醒的认识、更明确的规划，这样我们才能更顺利地度过自己的黄金十年。

知人情世俗而不世俗

周遭的现实往往要求我们懂得更多人情世故。现实生活中，我们可能会看到一些有才华的人得不到重用，尤其是一些刚刚毕业的大学生，更是自恃才华，目中无人，而不能一展抱负。原因何在，不是能力的问题，也不是才气的问题，而是态度的问题。他们往往不务实，不懂人情世故，觉得自己可以凭才华打天下，不需要看别人的眼色行事，殊不知这正是自己失意的根本原因。

不少年轻人对“人情世故”持有不屑心态。认为这是“两面派”“狡猾者”的代名词。首先我们要澄清对人情世故的认识，才能进一步懂得人情世故，利用人情世故。人情即做人的道理，世故即做事、行动的原则。现代汉语词典里对“人情世故”的解释是为人处世的道理。可见，人情世故不单单指人际关系，更不是托关系、走后门等歪门邪道，是有些人把它运用到了歪道上，致使人们对人情世故产生了曲解。正像一门好的武功秘籍，好人用它造福人类，坏人用它大开杀戒一样。我们怎能因为坏人用它做了坏事，就否认它可以造福人类的价值呢？关键是掌握在谁的手里，用来做什么，怎样运用的问题。如果我们运用人情世故的目的是为了使我们的职场生涯更加顺利，那就是无可厚非的。

我们已经不再是一个愣头青了，从幼稚走向成熟，从青涩学生成长为一个练达的职场人、社会人，我们要懂得一些人情世故，才能够让自己的事业更顺利，生活更美满。那我们究竟要懂得哪些人情世故，才算是世事洞明，人情练达呢？

第一，抛弃自以为是的清高。清高，“清”意思是无色，洁净；“高”又代表着高处不胜寒。那些自认为洁净的人往往被人孤立。表面上是以清高自诩，实际上是孤芳自赏，目空一切。所以清高的人往往也是骄傲的人，不合群的人，甚至以为自己的清高是一种鹤立鸡群、“凤凰不与凡鸟为伍”的行为，这实际上是大错特错的。

有些人天生骨子里就散发着一股清高劲儿，凡事有自己的一套行为标准和做人原则，一旦别人的举动不符合自己的标准和原则，就开始疏远、鄙视他人。而一旦生活在一群不如自己的人中间，就产生高高在上、孤芳自怜的感觉。而另外一些人天生骨子里就透着一股亲和力，虽然他们也有自己的原则，但他们并不用这些原则去要求他人，能够宽容地对待别人，有时候他们也能“随大溜”，办事灵活，主动与人亲近。有句话叫作“水至清则无鱼，人至察则无徒”。水太清了，鱼就无法生存，要求别人太严格了，就没有伙伴。所以，我们做人不要太苛刻，看问题不要过于严厉，否则，就容易使大家因害怕你而不愿意与你打交道。在某些方面，即使不同意别人的观点，也要谦虚一点。如果你做不到这点，那么你至少要懂得尊重别人，礼貌待人。你可以不同意别人的观点，但是你要尊重别人说话的权利。

如果你不愿刻意奉承别人，但你可以真心地赞美和欣赏别人；如果你做不到请客送礼，但你至少不要看不起请客送礼的人，因为他们也有自己的难处；如果你不愿说那些言不由衷的话，但你要懂得尊重别人的感受。

严于律己是必要的，但你不能用自己的标准去要求他人，这就要求我们“宽以待人”。一个人想成功，就要学会在一些人和事上妥协。放下清高的架子，让自己适当地俗一点吧！

第二，做事要看准时机，掌握分寸，智慧灵活地接待人物。有句话叫“不打勤的，不打懒的，专打不长眼的”，如果我们说话做事不能看准时机和场合，不能准确地针对他人，掌握分寸，就会做事无轻重，为人轻狂，处世不能圆融。怎样为人处世才算是“合时宜，得天机”的呢？

首先，是要明白自己的立场和处境，如果你作为一个下属，对待同事却像上司一样用命令的语气说话做事，显然就是不合时宜的。虽然这是一个常识，但有多少人没有用“某某，把东西给我拿过来”这样的语气和同事说过话？有多少人把别人的帮助当成是理所当然，从来没有道谢过呢？

其次，弄清对象，对于喜欢搬弄是非的人，不要讲是非，议论他人；对于自尊心强的人，不要直接批评；对于直肠直肚的人不妨坦率说话，那些弯弯绕绕的暗示他们是听不懂的，他们信奉的是明人不做暗事；对于那些妄自尊大而位高权重的人，我们要讲委婉的话，否则不但不容易被他们接受，而且会为自己留下祸根。

最后，看清时间和场合，无论是说话还是做事，不合时宜最不能让人接受，说话说到人心坎里，要听懂别人的话外之音。一个人决定做某事之前，一定有某种预兆，或暗示，或旁敲侧击。我们能事先领悟别人的意图或潜在的思想，替他表达出来，或安排好相关事宜，就会有与他人“惺惺相惜”的感觉。所以所谓的“合时宜”，就是在合适的时间揣测他人的心思，并适时做好。也许我们还不知道怎样的分寸才是适度的，怎样待人接物才是有智慧的。但我们一定要掌握几个原则：认清自己的身份，认清对面人的身份和性格，认清时间和场合，遵守规则。总之，用这几个原则衡量你说话做事的分寸，就不会出大的纰漏。

第三，站在对方的位置上去思考。凡事肯为他人着想的人，一定会得到更多的理解，一定会更有人缘，做事往往无往而不利。在工作和生活中，年轻人往往以自己为中心，站在自己的角度去看别人，却很少从别人的角度去想事情，很少顾及别人的感受。我们要有“己所不欲，勿施于人”的智慧，多反思自己，少要求别人；少苛责，多宽容。我们需要一种换位思考的能力，一种将心比心的理解。与人方便，就是与己方便；宽容了别人，也就是解脱了自己。只有我们用理解和宽容对待每一个人，才能把敌人变成朋友，把朋友变成手足。在工作中，面对客户、同事和上司，我们要像关心自己和亲人一样去关心他们的利益、满足他们的需求，由己度人，才能时时顺利，事事成功。我们懂得的人情世故可能还不够多，不够充足。但我们要想一想，自己到底懂得多少人情世故；有多少是我们不懂的？有多少是我们懂得，但做不到的；有多少是我们在做，但还做得不够完美的。

20岁以后，我们一定要知道，世界并不像我们想象得那样完美，人情也不像我们想象得那样简单。人情练达不是一件轻轻松松就可以做到的事，我们要用自己的一生来领悟、体会和学习，不断反思自己在为人处世方面存在的缺陷，才可以懂得更多的人情世故，做到世事洞明，人情练达。才能避免更多的敌对，为自己的成功奠定更坚实的基础。

你到底为什么而工作

就要找工作了，我们面对形形色色的招聘启事，面对无数的工作岗位，要怎样去选择呢？挣钱还是挣经验？重发展前途还是重福利？重眼前的利益还是重长远的打算？这是一个难以抉择的问题。我们都希望可以兼得，但是世上的事往往都是有失才有得，如果我们仅仅为了挣钱去工作就会失去工作带来的另一层意义。

雷锋说过一句话，“吃饭是为了活着，活着却不仅仅是为了吃饭”。我们的工作也有挣钱以外的意义。有的人工作是为了有口饭吃，有的人工作是为了吃口好的，有的人工作是为了将来不工作，有的人工作是为了干一番事业，实现抱负……不管怎么样，你应该明白，工作挣钱本身并不是奋斗目标，它只不过是达到目的的一种手段。明白了这一点，我们对工作的选择和在工作中所持的态度，就会更清醒、更明确，也就会更加持重，而不会急功近利。

很多年轻人通常对最初的几份工作都不太满意，“给我多少钱，我就干多少事。”“一个月发那么点的工资，还想让我加班，没门儿！”他们只看到眼前的工作带给他们的直接利益，而没有看到工作带给他们的发展，也就是你在工作中经验的增加，处事方法的渐渐熟练，技术能力的进一步提升，随着你的认真工作，你可能得到的机遇会渐渐增加等。对于工作太现实的态度，往往会葬送一个人的理想和未来。你想想，如果一个人整天怨天尤人，对工作敷衍塞责，那么他的情绪必定是消极的，态度必定是马虎的。工作都做不好，怎么可能有好的前程？

还有一些年轻人眼高手低，自认为才高八斗，对自己的期望值非常高。因此，无论他的实际工作能力如何，他都觉得这份工作配不上自己，自己应得的薪水和职位应该远远高于实际上拥有的。你要明白，无论一家公司怎样小，都不可能放心地把一副重担放在一个初出茅庐的年轻人身上，所以工作中的新人要给别人看清自己才能的机会，这样才可能得到重用。如果你因为失意，连目前职位上的事，都做得一塌糊涂，别人怎么可能放心把更重要的事情交给你做，更重要的职位给你呢？你又怎么会获得更丰厚的薪水呢？所以，我们唯一的做法，就是在本职岗位上做出一番成绩，取得一定经验，才可能得到更好的发展机会。要知道公司都是根据一个人对公司做出的贡献，来确定他的薪水和职位的。所以，要想多挣钱，就要为公司多做贡献，要想多做贡献，就要在你的职位上收获更多经验。这样，即使老板不给你加薪，你也有了跳槽的资本。

甚至有一些年轻人，他们频频跳槽的原因，不过是因为同时毕业的某位同学或朋友有一份比他的社会地位高、薪水更丰厚的工作。因为羡慕、嫉妒或者攀比心理，觉得自己不应该只取得这样低的报酬，而应该得到比他更好的工作和薪水。所以等不及把岗位上的事情都做透，取得一定的经验，就跳槽另谋高就去了。你要知道，每一次跳槽都要在新的岗位上适应一段时期，在人际关系上有一段磨合期，这段日子里也许你只顾磨合，什么成绩也做不出。所以，太频繁的跳槽，就等于空耗自己的内力。无论什么样的人，都是经不起攀比的。一个人开始创业时，他的薪水甚至是负的，他可能扛着几百万元的负债，如果这时他选择退出，寻找高薪工作，那他的债务可能十年甚至更久才能还清。而如果他坚持创业，不断获得有用的信息，锻炼自己的眼界和增加自己的经验，那么不久机会就可能降临，也许一年就能够扭亏为盈，他所获得的就不仅仅是几千块钱的薪水，而是无比丰厚的利润了。所以，做人不要盲目攀比，从你的职位上你可以获得什么，你会有怎么样的发展才是最重要的。

上面我们只是分析了几种不满意自己薪水，不认真做事的心态原因，那么，20岁以后，我们做事要更看重挣钱呢，还是要更看重获得的经验呢？

这就是一个关于“鱼”与“渔”的选择。薪水就是所谓的“鱼”，而经验则是“渔”。你想要获得更多的鱼，就要掌握钓鱼的方法与技术。二十几岁的年轻人，正是求“渔”的好时机，我们应该把目光放得长远一点。学会了“渔”，还怕将来没有“鱼”吗？在工作中，不断地寻找捕鱼的更好方法，总结渔猎经验，才能够得到更多的鱼。在这个过程中，渐渐独当一面，抛弃“薪水”的束缚，才是最重要的。满眼都是鱼的人，往往看着鱼欢喜，而忘了学习渔术，所以“临渊羡鱼，不如退而结网”，获得经验才是最重要的。

收入只是工作的副产品，只要做好你该做的事，出色地完成你该完成的工作，理想的薪金必然会来。在选择工作之前，我们应该明白自己想要的是什么，是钱还是真正的成长，这样我们才能做出无悔的选择。对于我们来说，薪水固然重要，比薪水更具价值的，是工作背后的自身的成长。工作虽然是为了生存，但比生存更重要的是实力的提升。只要自己的实力提升了，何愁薪水不涨？薪水是有限的，实力的提升却是无价的。

二十几岁的时候，我们经常抱怨自己的工资太低、奖金太少。我们常常以玩世不恭的态度对待工作，或者消极怠工，或者频繁跳槽，甚至怨天尤人，埋怨自己生不逢时、明珠暗投。工作做得一塌糊涂，表现乏善可陈，事业升迁更是遥遥无期，还埋怨自己怀才不遇，这是令人感到可笑的。事实上，如果我们不把自己的眼光紧紧盯在薪水上而是注重学习、成长的机会、职业经验的积累、为人处世的磨炼等，我们就会取得更长足的进步，薪水也就源源而来了。

薪水并不是我们从工作中所能获得的全部，它只是其中的一小部分。我们要意识到，目前的工作可能不是我们想要的，但如果不把这份工作做好，那么这份工作我们将有可能做一辈子。如果我们只能看到工作带给我们的薪水，那我们就只能成为一个为薪水而工作的打工者。

抛开急功近利的想法，不要盲目地为追求高薪或其他眼前利益而心浮于事或不断地跳槽。心浮气躁对于眼前的工作最不利，我们要安下心来，踏实地做好工作中的每一件事，并适时盘算自己的未来，才可能不断成长。做事要注重于你的目标，思考要注重于你希望解决的问题。我们希望得到金钱，还是更有前途的事业？任何一个希望有作为的年轻人，都会做出正确的回答。有时我们不过因为眼前的繁华遮蔽了我们的双眼，或者攀比的心理让我们的心动飘摇不定。我们要做到心如磐石，清醒自觉，就要有宽广的眼界和坚定的信念。“不畏浮云遮望眼，只缘身在最高层。”我们要把自己的志向定得高一点，更高一点，才会让我们看到的更多，更清楚。

厌烦于眼前的工作的时候，多想一想我们是要挣钱还是要挣经验，就会让自己平静下来，心平气和，严肃认真地对待眼前的工作，才会获得更有价值的人生。

培养自己良好的习惯

我们的行为通常受到品位、情感、偏见、欲望、爱、恐惧、环境和习惯的影响。其中最重要的就是习惯，我们的日常行为会受到习惯的支配。一个男人成熟的标志，就是能有意识地培养良好习惯，戒除坏习惯。

20岁以后，我们的很多习惯都是难以更改的，但为了我们将来能更顺利地闯荡社会，我们必须戒除不良的习惯。戒除坏习惯的最好方式就是养成好习惯，这也是自然法则，因为只有一种习惯才能抑制另一种习惯。养成良好习惯的最好方法就是重复。一个动作经过23天的重复，就能变成习惯动作。而要使这种习惯固定下来，需要3个月的努力。也就是说，我们要有意识地重复做一些事，形成好习惯。举一个简单的例子，比如我们希望自己养成微笑的好习惯，只要我们早上出门之前，对着镜子练习一番，并在接下来的日子里坚持这个动作，23天以后，微笑就会变成我们的招牌表情，最多3个月以后，无论我们遇到了怎样的困境，或者怎样的刁难，我们都能微笑着去面对。

交际的规则是“伸手不打笑脸人”，时常微笑会使我们的很多工作变得非常顺利，人们对我们也发不起脾气来。渐渐地，我们的这个习惯也会影响身边的每一个人，使自己的工作和生活环境变得更和谐。多数生活在一起多年的夫妻，都有夫妻相；而大多数在同一个部门工作的同事，都有类似的表情；多数成功的卓越人士都有类似的仪表，这不是偶然的。“相由心生”，有怎样的心境，就会有怎样的相貌；培养心境是一个长期的过程，姿势、仪表的培养却是我们能够掌握的。

从现在开始，我们要养成哪些好习惯，才能对我们20岁以后的事业有帮助呢?

第一，读书、思考的习惯。“腹有诗书气自华”，养成手不释卷的习惯，有利于提高我们的品位，增广见闻。培根在《论读书》中写道：“读史使人明智，读诗使人聪慧，演算使人精密，哲理使人深刻，伦理学使人有修养，逻辑修辞使人善辩。”总之，“知识能塑造人的性格”，要想拥有高尚的品格、不俗的品位、宽广的眼界和心胸，读书是一个好的方式。读书让人宽广，思考让人深邃，两者缺一不可，正所谓“学而不思则罔，思而不学则殆”。学会从读书中思考问题的根本，总结规律，才能使我们更清醒、更明确，而保持记录自己思想的习惯，则能让我们的思想明晰起来，自成体系，形成明确的世界观和人生观。

第二，统筹安排、保持秩序的习惯。我们每天都要洗手、洗脸、刷牙，这些最平常的事，除了它本身的意义，还给了我们什么额外的价值?它还给了我们生活中最重要的东西——秩序。我们有的人做事有条不紊，有的人做事手忙脚乱，为什么?因为有的人养成了事前计划，统筹安排，做事井井有条的良好习惯，他们的事情总是安排得恰到好处，时间也总是宽松有余；而有的人则没有，他们事前不会做计划，也不会统筹安排，做事也颠三倒四，整天生活在一片混乱当中，天天忙碌，却没有成效，时间总是很紧张。我们要想养成有秩序的习惯，不妨在早上上班之前，想一下今天要做的事，安排一下日程表，然后按照行程走。我们每天总有一些固定的工作，也总有一些意外的事，留出处理意外事件的时间是必需的。制订每天的计划，并按照计划做事，一段时间以后，我们就会养成做事秩序井然的习惯。

第三，自我暗示的习惯。自我暗示，是我们用来挖掘心理道路的工具。要想把某种想法或欲望转变成行动或现实，就要不断地进行自我暗示，让此种想法保留在你的意识当中，直到它变成不自觉的潜意识和永久性的形式——习惯。以幽默为例，开始的时候，你可能每天都要暗示自己讲话要幽默，要让大家觉得如沐春风，即使是冷笑话，你也要尝试。三个月后，幽默就很可能变成你性格的一部分。再复杂的事也是一样，开始不断告诉自己“我要怎样”，直到后来，你不用想也会知道怎样做。自我暗示除了帮助你养成习惯以外，还有很多益处。有的人不断进行愉快、放松的自我暗示，因此他的精神和情绪也总是处在轻松愉快的状态之中，做什么事都举重若轻，人际关系也总是处于很好的状态。总之，找几段愉快、积极的自我暗示性的语言，不断地对自己说，对于自己心性的养成会有很大的益处。

20岁以后，我们许多生活上的习惯早已形成，但还没在工作上养成坏习惯，我们还有时间、有机会考虑一下在我们的工作中有意识地培养出好的习惯。尝试一下，有意识地培养好的习惯，会让你终身受益。

常立志不如立长志

20岁的人已经是一个男子汉了，我们没有任何理由再纵容自己。我们要有志气，做到“富贵不能淫，贫贱不能移，威武不能屈”。每一名刚刚步入社会的年轻人，都有自己的理想，但并不是每一个人最终都能够实现。原因在哪呢？就在于我们能否坚持自己最初的理想志向。所谓“有志者，立长志；无志者，常立志”，意思是说有志气的人，只要有理想或志向，就会长期坚持下去；而没有志气的人，会今天设立一个志向，明天又立一个志向，但哪个也不能持久坚持，所以，常立志。

在现实生活中，常立志的年轻人比比皆是，他们常常觉得成功不易，其实，那是因为他们缺乏坚持的精神。我们既要有志向，也要有志气，能够实现志向，扬眉吐气，不能窝窝囊囊地过一辈子。每一个人的心中都有一个关于未来的梦想。为了实现这个梦想，我们必须严格要求自己，遵守人生的规则，远离那些可能使我们半途而废的诱惑和陷阱。但生而为人，谁无七情六欲？更何况二十几岁的年轻人，我们爱面子，好冲动，做事不计后果，要控制自己的行为谈何容易？一个人最大的敌人，往往不是别人，而是我们自己。在这个过程中，能够自律的人，往往能登上人生成功的高峰。

怎样使自己成为一个有志气的男子汉？怎样使自己拥有不屈不挠的精神和坚忍不拔的毅力？这不是朝夕之功就可以做到的，但通过锻炼，我们中的大多数都能够做到。有远大的理想，做一个自尊自重的人，在内心里，绝对不要把自己和那些混吃混喝，每日无所事事，或者浑浑噩噩过日子的人等同起来，做一个清醒的人。清楚地知道自己想要的到底是什么，规划好每一个阶段的目标，眼前的目标会不断地提醒你要做什么。

一个清醒的人，凭着对于理想的执着，凭着对于计划的一步步实行，能够做到思想清明，对于未来有明晰的规划，把握人生的每一次机会。更要有积极的行动，做一个勇于尝试的人。21世纪是一个“快鱼吃慢鱼”的信息时代，生活如逆水行舟，不进则退。只有勇于尝试，立刻行动，才能使我们在激烈的竞争中获得更有利的位置。一个有成功潜质的人，他们会不断地改善自己的行为和态度，他们总是希望自己更有能力，更有活力，以一种更积极的态度对待人生。相比之下，很多人饱食终日，无所用心，永远不学习，不成长，每天在抱怨一些负面的事情，永远没有一个值得追求的目标，日子过得浑浑噩噩。衡量一个人成功与否，与金钱无关，与年龄无关，关键在于是否抱有理想，是否勇于进取，是否永远保持清醒的状态。

网易的创始人丁磊，大学毕业后，回到家乡，在宁波市电信局工作。电信局旱涝保收，待遇不错，但丁磊常有一种难尽其才的苦恼。1995年3月，他准备从电信局辞职，遭到家人的强烈反对，但他去意已定，一心想出去闯一闯。他选择了广州。初到广州，在陌生的城市，面对如织的行人和车流，丁磊越发感到财富的重要性。最现实的是一日三餐总得花钱吧？总不可能睡在大街上当乞丐吧？不知道去过多少公司面试，不知道费过多少口舌，凭着自己的耐心和实力，丁磊终于在广州安定下来。1995年5月，他进入外企Sebyse工作。1997年5月，丁磊决定创办自己的网易公司。此后，在中国IT业，丁磊成了举足轻重的人物。自从2001年年底推出网络游戏《大话西游》以来，网易已经从网络游戏领域的“小人物”变成该领域的巨头之一。

职业还是事业？安安稳稳地过日子还是在社会上闯荡一番，成就一番大事业？是每一个20岁以后的人都要思考的事。人要重视自己想要什么样的人生，想成为什么样的人。重视自己的志向，做一个有理想、有志气的年轻人，是时代赋予我们大多数年轻人的使命。“国家兴亡，匹夫有责”，现在我们的国家正处在经济上升期，国力还不是很强盛。要想“兼济天下”，我们就必须先使自己有足够的能力照顾自己，先成家立业；然后再可以考虑为社会做贡献。一个无所作为，连自己的生存都无法顾及的人，还谈何济天下？20岁以后的人一定要重视自己的生存问题，更要重视自己的理想，做一个有志气的人，不要窝窝囊囊地度过一生。

积极进取，才能够不断变化

人类之所以能够不断进步，就是因为人们有不满足的心态。积极进取，才能够不断进化，人类文明才会不断发展。很难想象如果一个人对于自身的一切都是满意的，他还有没有必要取得进步，如果一直不进步，停在原点。他很快就会被人超越，逐渐变得微不足道，最终落后于众人。

二十几岁的年轻人一定要有不满足的意识，有不断进取的心态，才能够不断取得进步。一个人无论什么时候都不能满足于现状，否则就会被不断发展的社会所淘汰。不思进取是我们成功路上最大的障碍，我们一定要学会居安思危，不要让自满意识阻挡了我们成功的脚步。

一个童话故事中，有一位王子降生了，国王很喜欢他，于是宴请了很多仙女为他祝福。每一名仙女都带来了珍贵的礼物，第一名仙女带来了智慧，第二名带来了力量，第三名带来了财富，第四名带来了健康，第五名带来了英俊，第六名带来了爱情，国王非常高兴地收下了。最后一名仙女带来了“不满”，国王却拒绝了，“我的儿子应有尽有，怎么能够让他不满呢？”国王很不客气地对她说。

很多年过去了，小王子长大了，继承了王位，他英俊潇洒，健康聪明，却没有雄心壮志，没有建功立业的抱负，从来也没想过改革创新，励精图治，他身边也没有让他不满的事，没有理由促他奋进。大臣们也渐渐变得不思进取，没多久，他的国家很快变得贫穷落后，被邻国吞并了。

现实中，我们看到很多人对于自己的生活感到非常满足，他们沉浸在自己平稳的幸福之中，既不急于获取财富，也不屑于争取地位。他们对自己的生活非常满意，因此，能够做到90分的事，绝不努力做到100分，只要能够维持现在的生活，他们绝不想明天怎么办。结果，他们总是被后来者代替。满足的心态会毁掉我们创业的激情，毁掉我们的雄心壮志，我们只有不满足，才能够不断奋斗、不断进步。

清朝的时候，我们的国家还是一个非常强大的国家，却因为封建帝王自满自大，不思进取，闭关锁国，终于招致列强的侵略。历史的教训还不够惨烈吗？不满才是滚滚向上的车轮，社会是不断向前发展的，如果我们满足于现状，不就像逆水行舟，不进则退吗？从另一个方面来说，满足于现状，就会引起骄傲自满，自视无人能及，这样也就会让自己树立更多的敌人。

“满招损，谦受益”，满足的人往往喜欢留恋昨天，沾沾自喜，自以为是，总认为自己有多么了不起，自己有多少证书，多少荣誉，因此最易不思进取，也最易落后。在明白自己拥有什么之前，我们应该思考自己还缺少什么，并不断为自己缺乏的东西努力，我们才能获得成功。如果我们没有缺憾，社会怎么会进步呢？因为我们在夜晚缺乏光明，所以爱迪生发明了电灯；因为我们在冬天缺少温暖，所以有人发明了暖气；因为我们平凡人很难看到整个世界，所以我们现在有了网络。对于更舒适的生活来说，我们缺乏的东西还很多。比如我们拥有温暖，却缺少温情，也许谁能帮我们提供这种日渐稀缺的东西，谁就能赚取更多的财富。满足别人的需要，我们就能赚钱。而如果我们意识到自己的不满，清楚别人的不满，我们就能掌握社会的趋势。只要掌握了社会的趋势，我们就能够顺潮流而成功。而最重要的，就是我们要寻找人们不满足的切入点在哪里，也就是人们需要怎样的产品和服务。

人类社会经过怎样的变革才能够进步，才能够更壮大。只有居安思危，把祸患消弭于无形才是最重要的事。二十几岁的人大多胸怀大志，却不知道从什么地方入手才能够取得成功。也许这正是一个答案，从人们不满意的地方入手改造这个世界，我们就能够实现自己的理想。

毕业之后，学习才刚刚开始

想要得到成功，必定缺少不了专业知识的帮助，学得越多，才能走得越快。无论是专业技术还是管理、赚钱的能力，都是有一定的规律可遵循的，而学习的力量就在于把这些规律性的东西掌握。经验固然重要，但如果仅凭个人经验行事，是没有多大的前途的。知识的力量就在于让借鉴前人的经验，并思考出有创造性的方案。

二十几岁的年轻人，刚刚完成学校的教育，也许对学习还有一定的成见，不愿意接受再教育。其实，学习是一辈子的事，我们只有不间断地学习和思考，并从中吸取精华，才能够不断进步，取得成功。专业知识是一种资源，如果我们缺少人脉，缺少资金，至少我们可以提供技术力量，技术力量也可以作为一种资本进行投资。

很多老板都是专业中的行家里手，这样才不会陷入技术人员一离开，企业就会瘫痪的困境。虽然成功只有20%靠专业知识，但这20%却是最为关键的部分，尤其是对于企业来说。专家就是专门从事某项事物工作和研究并颇有造诣的人士。通过专家的帮助，知识能够转化为经济效益。所以，我们要做的就是成为某个行业的专家，尽快通过学习行业知识和积累经验成为某个领域的行家里手。这样当我们掌握了最先进的知识，就可以以此为资本提出与拥有资金和人脉的人合作。

管理学大师彼得·德鲁克提出了知识社会以及知识工人的概念，并表示，未来的社会实质就是这样的社会，知识成为核心生产力，而知识工人将成为社会的主导。这并不是危言耸听，今天，某些靠体力工作的人仅仅拿着足够养家糊口的薪水；而那些技术工人则会拿着比他们多一倍的薪水；而那些靠高级专业科技挣钱的人，他们的年薪往往达到几十万元，这就是工人之间的区别。即使为别人打工，我们也要做一个高技能打工仔。

作为一个希望成功的人，我们需要锻炼的能力有很多，需要积累的资源也有很多，最重要的就是我们能够通过某种方式把我们拥有的资源有机组合在一起，使它们创造更大的价值。这就需要思考和智慧的帮助。我们唯一获得智慧的方式，就是学习并思考，获得信息，组合信息，有效地使用信息。

古人常说“读万卷书，行万里路”，是要求我们不断掌握理论知识，同时不断实践、验证，积累足够的知识资源。只有足够的知识储备，才能够给我们带来足够的财源。从古至今，很少有成功人士没有经过任何教育，有很多人说自己没有学历，全凭眼光和经验取得成功。其实，这是一种无意识的误导。的确，他们可能没有受过正规的教育，但他们对于事情的领悟能力很强，一定学过一些商业知识或者其他方面的知识，即使没有接受过系统的教育，我们也很难想象一个没有任何学识基础的人能够获得成功。

比如，李嘉诚虽然没有受过正规教育，但他却在茶楼工作的时候就琢磨客人们的喜好，在他以后的任何岗位，他都发扬了乐于思考的优势，最终才得以成功。李嘉诚虽然没有受过正规教育，但出身书香世家，他的舅舅尽管没有在具体经济问题上帮助过他，但起码在家庭观念上没有给他错误、贫穷的观念。

记者采访到西北的一个放羊的孩子，问他“放羊做什么”，他回答：“攒钱。”“攒钱做什么？”“娶媳妇。”“娶媳妇做什么？”“生孩子。”“生孩子做什么？”“放羊。”这不是一个傻瓜孩子的回答，这是一个正常甚至聪明的孩子，只是因为他的眼光有限，受到的教育有限，所以，他只能这样看待问题，所以有人说“教育不公是最大的不公”，这句话是有道理的。如果这样的孩子不离开他生存的地方去见见世面，他甚至不能更好地生存，只能在“放羊”与“生孩子”之间循环。

今天，我们可能没有受过系统教育，还在充电和玩乐之间徘徊。但我们要学会积极主动地学习，从自己的工作中总结经验，并在自己不熟悉的地方或者目前没有突破的瓶颈上进行研究和思考，这样，我们就能够积累一部分专业知识。

二十几岁的年轻人，一定要时时把“知识就是力量”这句话记在心上，不断地掌握科学知识，掌握某种才能，同时我们还要养成看书、看新闻的习惯，让自己每天接触最新的资讯，把握最新的走向，并且每天给自己一定的时间听听成功人士的演讲，看看对成功有益的书籍，让自己的头脑首先活在成功的状态当中。这样我们才能更快地积累足够的成功资源，让自己的生命迈向成功。

第 02 章

塑造品质——有修养的人更受欢迎

人格是个体认知、情感及行为过程的复杂组织，它赋予个人生活的倾向性和一致性，人格包含了过去的影响及对现在和未来的建构。20岁塑造的人格，将会令30岁的你魅力价值100万元。

圆融藏锋，低调才能成大事

20岁以后，我们要懂得一些职场人的心理，为人处世要更重视一些圆融藏锋的智能。作为一个职场新人，你是喜欢和自己能力一样的人，还是喜欢能力比自己强，比自己有才华的人，还是喜欢能力差的人？普通人都有一样的心理，那就是：一个人如果地位比你高，但才华不如你，你就会看不起他；如果地位和你一样，能力高过你，你就会嫉妒他；如果地位比你低，能力也比你差，你就会以一种同情弱小者的眼光看待他。

工作中，那些锋芒毕露的新人，必会因为自己的才华与地位不符而产生愤懑的情绪；而他的同事则会因为他的才华而嫉妒他；他的上司则会因为恐惧才华横溢的新人会取代自己的地位而不委以重任，让他有力无处使，有才无法施。所以，一个人要想成就大业，只凭自己的一腔热血，横冲直撞地做事是行不通的，那样迟早会招致所有人的不满，使自己“壮志未酬身先死，长使英雄泪满襟”。

一个人要想成就大业，是要讲求时机和机遇的。时机不成熟之时，我们锋芒毕露，就容易招嫉，给自己树立敌人，在成大业之前就会遇到很多虽然不大，但很麻烦的阻力。无论多么小的阻力，都会给我们的前进带来数之不尽的烦恼。一块很小的石头，虽然不足以把我们绊倒，但是也会硌我们的脚，如果我们要走的路上，处处都是硌脚的石头，不也是让我们筋疲力尽吗？

每个人在成功的途中都会遇见几个小人，而我们所有人几乎都有嫉妒的心理，只不过有些人处理得好，有些人处理得不好罢了。我们怎样才能躲过那些处理不好自己嫉妒情绪的人所放的明枪暗箭呢？这就要求我们韬光养晦，收敛锋芒，静待时机。

所谓“峣峣者易折，皎皎者易污”，就是说往往山峰顶端的那块石头会被风吹断，洁白的衣物更容易被玷污，自视清高、性格刚直者容易招祸。锋芒不可太露是有一定道理的，过分显露一则易遭人嫉妒，惹人眼红；二则起调太高，会让自己陷入被动。但隐藏过深也是不明智的，锋芒毕露、狂妄自大的人固然让人觉得反感，但深藏不露、城府过深的人同样会让人觉得难打交道。我们要靠自己的修养见识，和对社会人生的深刻体会，把握锋芒藏露的度，做到锋芒内藏，神气内敛，藏露有度。我们要做到适度收敛锋芒，不为锋芒所累。一个人就算拥有再多的才华，再会表现自己，都要懂得适度收敛。如果一个人过于看重自己的才华，忽略他人的感受，就会变得高傲，孤芳自赏，最终会受到他人厌弃。

从另一方面来讲，不懂得适度收敛，也表示一个人没有真才实学，他可能很有才华，却不通世故。一个有真才实学的人，不但要有能力，更要懂得为人处世的哲学；学问是一方面，能力是另一方面。能够成大事的人，不但要学问高深，更要有平衡人际关系的能力。平衡人际关系的能力，也是一种才学。不懂得它，就等于没有处世的智慧，只有知识学问而没有智慧，同样也不是拥有真才实学。

无论是在职场闯荡还是创造自己的事业，都离不开跟三种人打交道，上级领导或者能帮助你的人；同事或者合作者，竞争对手，客户；下属，求你帮忙的人。无论跟哪些人打交道都要学会隐藏锋芒，静待时机，这样才能够成就大业。

当今社会，不会与领导交往相处，就等于自断出路。与领导交往要注意藏锋，也就是不炫耀自己的聪明才智、不反驳对方所说的话。不是人人都可以做到恰到好处，如果没有掌握得恰到好处，反而会弄巧成拙，让领导以为你是个城府深的人，或者只会唯唯诺诺，没有才能。不仅要让领导看到你能力不错，值得提拔，还要让他以为你不会超越他。只有掌握这样的分寸，才算懂得了与领导相处的技巧。杨修不懂得隐藏自己的锋芒，处处显示自己比曹操高明，不仅自己丢了脑袋，同时也毁了曹植的前途。司马懿为人处世处处小心谨慎，从不暴露自己的才能与野心，最终取代了曹氏，掌管了大魏江山。

与同事相处同时也要讲究分寸，彼此尊重，光芒太盛容易招嫉，还可能招来小人的陷害。庞涓与孙膑师出同门，但因为孙膑在兵法计谋方面比庞涓更胜一筹，结果被庞涓设计陷害，挖掉了膝盖骨。当然，最后庞涓也死在了孙膑手中，师兄弟二人没有一个好下场，不能不说是二人不懂得隐藏锋芒、彼此谦让的后果。与同事拼个你死我活、鱼死网破是最不值得的。关键时刻让一步，韬光养晦才是上策。

作为领导，也要学会与下属相处，领导也要学会大智若愚，难得糊涂，宽容下属的错误，懂得冷处理艺术中的巧妙手段。领导者事业有成，难免会得意忘形、锋芒毕露。若不知收敛，一味卖弄奇巧，甚至逞强斗勇，定会伤及上下左右，招致诋毁诽谤，最终落个聪明反被聪明误的下场。

所以，收敛锋芒、明哲保身不但是一种处世哲学，更是一种人格魅力的表现，宽容忍让、平和亲切的人会得到更多人的赞赏和钦佩，他的人格会得到更多人的认同，也就更容易成就大业。

20岁以后，我们更要懂得这些，让自己从狂妄轻浮中走出来，走向含蓄、厚重，不断积累学问，锻炼才能，培养人格魅力，才可能从平凡走向优秀，从优秀走向卓越。

淡泊名利，诚信待人

20岁以后，我们要做到以诚待人，在利益面前，既不要让物欲遮蔽了双眼，做出不正当的竞争；也不要做出违心退让之事，让别人觉得你是个伪君子，或者另有企图。以诚待人的原则就是，真诚地面对和你竞争的对手，告诉他你也希望得到那些利益，因为你也是一个凡人，名利面前谁不动心；同时也要让他知道，你不会为了利益，做出违背良心之举，你们要进行的将是一场公平的竞争。

生活中有两种人最令人们讨厌，一种是小人，两面三刀，自私自利，为达目的不择手段；另一种就是伪君子，假仁假义，平时装作一副万事不放在心上，淡泊名利的姿态，实际上野心最大，爱搞阴谋诡计，既好名声又重利益。其实，如果没有经过一定的风浪，人们是很难摆脱名利的诱惑的，很难做到淡泊名利。

在人们面前羞于提钱，那是一种虚伪。爱钱，爱物质生活，是每一个正常人都会有的欲望，谈一个人成不成功，缺少不了对他的地位、名望和拥有的产业、金钱的评价。人人都说讨厌物欲横流的世界，但哪个人是离开了物质而生活呢？我们都不是颜回那样的圣人，做不到“一箪食，一瓢饮”，唯一能做到的就是坦然地承认自己对利益的向往。连李白那么潇洒的人，在接到皇帝要他去做官的旨意时，都忍不住吟道：“仰天大笑出门去，我辈岂是蓬蒿人。”魏晋时期最讲究风度，对于孔方兄的轻视达到了史无前例的程度，称钱为黄白之物，甚至连一些浪荡公子都不屑于提钱这个字眼，怕因此会被人认为“俗”。一些女人为了刁难一个浪荡公子，故意在睡觉时，在他面前堆满了钱，看他怎样称呼，浪荡公子一觉醒来，揉着惺忪睡眼说：“快把面前的阿堵物移走”。如此这般，却也没有避免为后世人所哂的结局。做一个诚实的人吧，谁不喜欢锦衣玉食，谁不喜欢前呼后拥，谁不喜欢被人追捧？我们要努力修炼才能做到无欲无求的境界。所以，在有欲求之时，做到对自己诚实，对朋友坦白才是最重要的，我们内心有自己的原则，应当明白不可以通过哪些手段去获取钱财和权力。但在正当的利益面前，我们也不要违心，装出一副对钱财和权力不感兴趣的样子。那骗不了自己，更骗不了别人。人们是不会欢迎一个虚伪的人的。

和别人有了利益冲突，我们可以选择“退一步”和别人分享利益，也可以选择公平竞争，但是，如果把对利益的不在乎表达为对别人的一种蔑视和不尊重，即使你在利益上礼让了别人，也得不到敬佩和尊重。在利益面前，不抢，不让，正当竞争，是对有尊严的对手的一种尊重。他赢了，赢得光彩，输了，也输得甘心。正如高手过招，故意让对方就是侮辱对方一样。面对一个有尊严的竞争对手，公平竞争既是对别人人格的一种尊重，也是对自己人格的一种完善。从另一方面来讲，“将欲取之，必先予之”，如果你在利益面前违心让着别人，通常也就意味着你想要得到更有分量的东西。比如，你想得到的并不是具体的某次利益，而是人心；不想得到一笔奖金，而是要为升职时减轻竞争压力或在上司心里赢得好的印象；如果你是二把手，眼里却没有利益，通常对于一把手来说，就是一种威胁，会引起一把手的猜忌。有具体利益要求的人好应付，无欲无求的人通常更加难以把握。所以，利益面前别违心，还是诚实一点儿比较好。

但同时，在利益面前不违心，也要做到公平竞争，不能为了利益而无原则地行事。为了升职加薪搞歪门邪道，请客送礼，托关系，走后门，这些更是为人所不齿的。伪君子固然可恨，真小人也为世人所不齿。所以，我们要做到持身正直，待人诚实，待己更要诚实。如果你是一个谦谦君子，在利益面前，乐意谦让他人，固然会赢得大家的赞誉；如果你不想谦让，希望取得自己应得的利益，那么，正当竞争也无可厚非。做一个诚实的人，树立自己的诚信形象，比一两次的谦让更加重要。

一个人心胸不够宽广，顶多是个不受欢迎的人；而一个人虚伪，就是一个令人极度厌恶的人。20岁以后，我们要知道怎样做一个让人尊敬佩服的人，即使暂时做不到，也不必懊恼。没有人生来就是伟大的，伟大的品格都是培养锻炼出来的。先做到不自欺欺人，然后做到谦谦君子，也不失为锻炼自己品格的好程序。

心中有空间，才能容纳更多

老子在道德经中说："埏埴以为器，当其无，有器之用；凿户牖以为室，当其无，有室之用。"意思就是说，陶土做成器具，当器具中间是空的，才有用；建造房屋，开设门窗，只有中间是空的，人们才有房子住。我们做人也是如此，只有虚心的人，才能不断完善自己，才会更有价值。20岁以后，我们要懂得虚心的人更受欢迎的道理，不但是因为谦虚的人更容易被人们尊重，而且因为是谦虚的人，自己更能取得成长和积累。

你知道一个企业，凭什么给员工工资和职位吗？绝不是凭你已有的学历，或者你的能力、你的资历，而是凭你对公司做出的贡献，也就是你的使用价值。即使你学历再高，能力再强，没有为公司做出一定的贡献，企业也不可能长期地容纳你。就算你没有学历，能力平庸，但凭着你人脉广，为公司带来了客户，相信公司也会允许你适当地闲一些。相信每个公司都养着几个"闲人"，但这些人绝不真闲，关键时刻，他们的一句话顶得过别人半年的努力。所以，不要看到一个人整天无所事事，就蔑视他，或者效仿他，他无所事事的存在，有一定的合理性，而你如果不努力，就会被淘汰。因为他是用"闲"为公司做事，而你是用忙碌和能力为公司做事。

一个人的价值取决于他有多大的使用价值。所以，为了使你自身增值，唯一的办法就是增加你的使用价值。一个人身价百倍，是因为他能创造千倍的利润。所以，唯一使自己价值倍增的办法，也就是不断地完善自己，使自己能够创造更多的价值。怎样才能不断完善自己呢？

首先，意识到自己的不足。如果一个人骄傲自满，认为自己无所不能，他怎么会想到要完善自己呢？即使一个人在自己从事的领域达到了登峰造极的地步，一定还有一些事是他所不明白的，要知道，学问是无限的。只有意识到这一点，我们才能不断追求进步。牛顿在物理学领域可以说是一位登峰造极的大师，他发现了万有引力，建立了经典力学概念，因此在晚年有些自满，以铁腕统治着皇家学会，以为当世之后，不会有比他更伟大的科学家，当他遇到难以解释的天体运动时，竟提出了“神的第一推动力”的谬论。他的思想停留在机械运动的领域没有改变，因此没有了更伟大的发现。但1905年，爱因斯坦提出了质能方程式后，建立了相对论，提出了天体运动的规律，使人类对物理学领域的认识向前迈进了一步。所以，一个人本身无论多么伟大，都有他自身的局限性。如果骄傲自满，不能意识到自己认识上的不足，不能意识到自然和社会的无限性，就会使自己待在一个小圈子里，无法进步。

其次，认识到别人的长处，孔子说：“三人行，必有我师焉。”如果我们虚心处世，遇到不懂的问题，善于向别人请教，一定会在不同的方面得到完善。你周围的人，在不同的方面肯定有他的优势，有的人业务能力比较强，有的人做事细心，有的人人际关系处理得比较好，总之每个人都有自己的优势，如果我们能够看到别人的优点，向别人请教，不断弥补自己的缺点，就能够成为在不同方面都比较优秀的人。以彼之长补己之短，才会得到长足的进步。有时候，我们自以为是，经常抓住自以为高明的见解不肯放开；躺在曾经取得的成就上不肯继续努力；抓紧取得的职位不肯放松。这样导致的结果往往就是无法继续成长，无法获得进一步的超越，导致后退乃至更严重的错误产生。一个人只有懂得放手才会获得更多。

从前有个女人出嫁之前，曾问母亲怎样才能抓住丈夫的心。母亲让她拿了一把沙子，越抓越紧，结果手中的沙子越来越少，最终都没有了。而母亲摊开手掌双手捧着沙子，沙子则始终满满的。母亲教育女儿说：“当你紧抓不放，反而会什么都得不到；适当放手，才会得到更多。”

这个故事教给我们放手的道理，只有手中有空间，才能容纳更多，也就拥有更多。只有敞开胸怀，内心有空间，也就是虚心，我们才能学会更多，完善自我。紧握双手会使我们一无所有，张开臂膀，我们拥有一切。所以，当我们自满或者在事业中遇到瓶颈，或者在某一方面已经达到顶峰，不可能再取得更大的发展时，只有懂得放手，清空自己，使自己重新在另一个领域发展，才能取得更大的成就。就像一个杯子，只有倒出盛满的水，才能容纳新的水。我们要懂得适时清空自己，认识到自己成为一个空杯子以后，才能盛进更多的水。

大解脱才有大超越，不断放下才能不断进步。人生就是一个不断循环的过程，认识到自己的不足—取得进步—达到目标—倒空自己—认识到自己的不足。循环往复，才可能不断完善自己，而这一切的基础就是虚心处世。

20岁以后，我们要认识到这一点，只有虚心的人才能不断取得进步，只有不断进步，才可能达到成功。而一个骄傲自满的人是不会认识到这一切的。时刻认识到空的智慧，“天之道，损有余而补不足”，让自己做一个不足的人吧，永远虚心，认识到自己的不足，不知足，不满足，才会取得更高的成就，得到更多尊重。

教养体现细节，细节展现素质

一个人的修养会表现在生活和工作的方方面面，最重要的就是表现在他的工作礼仪当中。当然，一个有礼貌、品德高尚的人，他的修养会随时表现出来。有的人在工作、社交中会时时注意自己的形象，在私下里却尖酸刻薄，没有教养。有的人在面对熟人时表现得彬彬有礼，在面对陌生人时则会蛮不讲理，得理不饶人。有的人则面对陌生人时给人极好的印象，久而久之却会在熟人面前，露出没有教养的狐狸尾巴。有人在大庭广众之下一派绅士淑女风范，私下里却品格低下，无所不为。有的人在平日里尚能维持自己的好形象，而一遇到特殊事件则会风度全无，让人跌破眼镜。一个品格高尚者，应该表里如一，他的形象和他的人格魅力应该是一致的，在生活、工作、交往应酬中应该随时表现自己的修养。

教养体现细节，细节展现素质，以下细节能帮助你提高自身修养，体现交往的艺术。

第一，女士优先。在任何场合，“女士优先”都是男士展现自己风度和教养的最佳途径，为女士开门，拉椅子，请女士优先，懂得在发生争执时让着女士，这些都是最基本的绅士表现。人遇事要有意识地让着女人几分。这不但有利于安定男女之间的团结，而且此举还可展示出男人在女人面前良好的风度和风范。对于女士、孩子、老人的真诚的关心和照顾会让我们显得更加有教养。无论是在社交场合还是在私人场所我们都要有照顾弱小的自觉性。

第二，处变不惊。处变不惊是最基本的礼仪，也是一个人文化教养最好的体现。一个人在平时维持彬彬有礼并不难。可是如果遇到突然变故，如遭到了意外的冒犯或很高的期望值落空时，就会失态而暴露出本来面目。因此在非常时期、非常状态下保持良好、镇静的言谈举止，更能体现一个人的修养。一个人在平日保持温文尔雅的好形象和绅士风度并不难，难的是一个人在遭到他人嘲讽的时候，还能镇静应对。在别人对他发难的时候，他不会被对方的态度激怒，能够克制自己的情绪，礼貌地对待对自己不善的人，才能在气势和语言上让对方知难而退。在遭遇不可预料的糟糕情况时，能够镇定自若，处变不惊，先顾他人，才是一个有修养的人。关键时刻的处变不惊，那是几十年锻炼下来的涵养。非有一定功底不可能做到，我们平时就要锻炼自己“养气”的功夫，一个人在意外来临时反应镇静，才算是达到了粗浅的处变不惊，要达到更高深的境界，则需要更持久的锻炼。

第三，懂得欣赏和赞美他人。人有修养的表现之一，就是能够真心地欣赏和赞美他人，在认同他人中，得到他人的认同。欣赏别人的过程，其实也是品尝和发掘自己的一项工程，如果不能完全释放自己的视野，就不会真心地欣赏他人，自己也会停滞不前。女人通常不能欣赏、容忍比她更加漂亮的、更具智慧的女人，文人也有相轻的毛病，然而，为了自己的成长，我们要学会欣赏别人，真诚地赞美别人的美好品格，在认同别人中模仿别人的优点，才能使自己的礼仪不断进步。

总之，无论在工作场合还是在社交场合，甚至私人空间，我们都要表现自己良好的修养，尤其在公共场合更要表现出良好的道德修养，比如坐电梯要朝着电梯口，告诉离按钮近的人你要去几楼，而不是自己伸手去按；在路上主动给长者让路，如果遇到熟人需要交谈时，要靠到路边或角落谈话。只有这样，才能习惯成自然，培养出良好的商务和社交礼仪。

20岁以后，我们一定要习惯表现自己的修养，让好教养从我们身体的每一个姿态、脸上的每一个微笑、自己的每一个言谈举止中慢慢渗透出来，让别人看到我们就想到一个风度翩翩、彬彬有礼的君子，一个有教养的绅士。这样的为人处世准则才会礼仪周到，才会得人心。

宽容是一种不可多得的美德

宽容是一种美德，只有心底无私的人才会宽容别人，也只有善于宽容别人的人，才能得到对方的宽容，得到他人的尊敬，受到更多人的喜爱，积累更多的人脉。20岁以后，我们一定要懂得宽容他人就是善待自己。也许我们还不太懂宽容的好处，但我们起码要明白宽容一个敌人，你就少了一个敌人，多了一个朋友；宽容一个朋友犯的错误，你就多了一个手足，你们的关系就会更亲密。

宽容的第一层次就是你对生活笑，它就会对你笑；你对生活哭，它就会对你哭。

从前有一个小孩对着山谷喊话，他说："你是一个坏小孩！"于是回音回答他："你是一个坏小孩！"他不断地重复这句话，于是回音也不断重复这句话。孩子气哭了，回去找他的妈妈，告诉妈妈山谷里有一个坏小孩，总是重复他的话，总是骂他。妈妈告诉他，你要好声好气地对待他，他才会好好对你。于是，孩子回到了山谷边，冲着山谷大喊："我原谅你了，我不再骂你了，你是一个好孩子，咱们一起玩，好不好？"结果山谷中也传来了："你是一个好孩子！"的回音。

虽然这只是一个故事，但其中蕴含的哲理却令我们深思。生活通常就像一个回声谷，你对着他人笑，他人也会对着你笑；你对着他人怒骂，他人也会对着你怒骂。俗话说"伸手不打笑脸人"，如果面对曾经的敌人或对手，你原谅了他，宽容地对他笑一笑，想必他也不会继续对你怒目相视，反而会融化在你的微笑里，折服于你的宽容大度。"相逢一笑泯恩仇"是一种大智慧，唯有心胸宽阔的人才能做到。

宽容的最高境界就是对某些事情、某些话语视而不见、听而不闻。如果一个人知道某人做了对你不利的事情，即使胸怀多么宽广，也难免怀恨在心，在面对这个人时，恐怕就做不到神色如常，不免会露出厌恶的神情来，心胸狭窄者甚至会报复对方。其实，对此最好的办法就是装糊涂，对一些事情视而不见，可以避免自己陷入仇恨与狭隘之中。

相传有一个故事，楚庄王在一次战役中取得了胜利，于是大宴群臣。并命自己的宠姬在旁服侍。群臣喝得大醉，忽然一阵风吹灭了蜡烛。整个宴会厅陷入了黑暗和混乱。其中一名大将趁机摸了宠姬一把，宠姬随手拔掉了他的帽缨，并告诉了楚庄王。楚庄王立即让内侍不要点灯，让大家都拔下帽缨继续宴饮。其中一名大将拔自己的帽缨时冒了一身冷汗，明白是楚庄王大度，饶了自己一命。一年以后，楚庄王领兵打仗大败，全凭大将唐狡拼死护驾才保住性命，楚王问及原因，才知他就是自己一时心慈，放掉的那名大将。

一个人如果知道某个人做了对不起自己的事，即使决定要宽容他，往往也心存芥蒂，做不到完全忘情。那么我们最好的做法就是不去知道，看不见，也就不会记得向谁复仇或者记恨谁，这就是更高一层的境界。在康熙王朝中，某大臣奉命禁海，迁渔民入内陆，结果众人挖了他的祖坟，官兵去追击那些渔民。他却说："你们走吧，不要让我看见你们，以免我知道是谁挖了我的祖坟，心存怨恨。"如果我们做不到彻底原谅他人，倒不如索性不让自己知道到底谁是我们的敌人。

人人都是平凡人，与其勉强自己用宽广的心胸原谅别人，不如选择视而不见，目下无凡尘，反而是一种更宽广的境界。

曾有人写了一首诗，"身如菩提树，心如明镜台。时时勤拂拭，勿使惹尘埃。"意思是要我们日日反省自己性格上的缺点，把心灵上的灰尘扫去。对于宽容来说，就是要我们不时地检查我们的内心，原谅那些得罪我们的人。而禅宗六祖惠能则悟道："菩提本无树，明镜亦非台。本来无一物，何处惹尘埃？"据说正是因为禅宗六祖有了这样的领悟，才继承了师傅的衣钵。

对于我们来说，也就是并没有人得罪我们，何必去原谅宽容他人呢？完全不计较比起不断提醒自己要有宽广的心胸，更自然天成，更加广阔。在日常人际交往的过程中，二十几岁的年轻人常会因为言辞轻率而不免与人产生些许摩擦与不快，每当这个时候，我们面对问题的态度，就往往体现了自己的心胸与度量：斤斤计较固然不足取；知道了就不免记恨，如果我们不经意知晓了内情，我们就只好选择用宽容包容过去；而最好的选择就是我们并不知道是谁得罪了我们，并不觉得哪种行为称得上是冒犯，那才是真正心胸宽广的人。

当面的饶恕可以显示一个人的胸怀，但那往往是做给众人看的，真正的宽广是对手没在人前犯错误，因此根本没有冒犯与饶恕，这才是人生的大境界。二十多岁的年轻人往往做不到宽容对手，但我们起码可以做到视而不见，难得糊涂。学会不着痕迹地宽容，才能积累广泛的人脉。

不是主角，就做好配角

在相声的舞台上，有捧哏和逗哏之分，一般逗哏的人会得到观众更多的掌声，更受观众喜爱，然而没有捧哏在旁边的配合、敲边鼓，逗哏的人多么能"忽悠"，观众也不会自己笑起来。捧哏通常说一些哼哼哈哈，无关紧要的话，但这些无关紧要的话恰恰也是观众内心想要知道的事，所以捧哏至关重要，人生中也缺少不了这样的角色。

在人生的舞台上，通常也需要一些"捧哏"，在老板、上司风光的背后，少不了默默耕作，配合他工作的人。这样的人得不到众多的羡慕，但他的贡献不可缺少。在工作中，我们有时是主角，有时却要配合别人的工作。在职场上有时我们升职了、加薪了，会受到别人的祝贺；有时我们却要在别人升职、加薪时学"捧哏"祝贺别人。"花花轿子人抬人"，我们不但要学会坐轿，更要学会适时"抬轿"。人际关系就是这样，你捧别人，别人才会捧你。每个人都不能事事以自己为中心，在适当的时候我们也要学会配合别人，让别人当主角。二十几岁的我们也许是学校里的优等生，也许是家里的娇娇子，然而走上社会了，大家平等。谁也不再是天之骄子，人人都有可能成功，因此，在别人成功的时候，适当地为他喝上一声彩，真心地恭喜他，是必需的。

只有学会诚心诚意地为别人喝彩，恭喜别人，才能赢得众人的尊敬。为别人喝彩助威，配合别人工作并不等于贬低自己，相反是成全了自己。每一位成功的人都曾经是成功的人的助手。每一个接受别人恭贺的人，都曾经恭贺过别人。锦上添花是一种大胸怀。善于在别人胜利时为他摇旗呐喊，会得到更多人的尊敬，不嫉妒别人而真心恭贺别人的人，不仅是君子，更是圣人。

一个人成功了，恭喜他的人多，攻击他的人更多，而疏远他的人是恭喜之人和攻击之人的几倍。更多的人喜欢雪中送炭，而不是锦上添花。因为雪中送炭更能显示一个人的优势，而锦上添花往往使自己更失落。有几个人是为别人的胜利而真心高兴的呢？做别人所做不到的，就是对我们人格魅力的一种磨炼。那么，怎样才能做好人生舞台上的“捧哏”呢？

首先，要有一种平和的心态，那些对于别人的成就眼红嫉妒的人是做不好“捧哏”的，无论是对别人工作的配合，还是对别人功成名就的恭贺，没有平和的心态绝对做不好。朱时茂和陈佩斯的小品《主角和配角》中，因为配角嫉妒主角赢得观众的掌声和目光，不喜欢当配角，一再捣蛋抢戏，导致本来好好的一幕戏，拍了几遍都不成功，这就是不好的心态带来的后果。在现实中，往往也有些人不甘心配合别人的工作，在私底下捣乱，或纠结众人闹事，致使上司的工作做不好；或者采取“非暴力不合作”态度，对工作不冷不热，不积极主动配合领导，也会在上司心中留下不好的印象。当你意识到自己是“捧哏”时，要用平和的心态去看待这件事，无论你捧的这个人能力是好还是坏，比你是高还是低，都有他的道理。既然你是配角，就要用配角的心态来做事，如果不能好好地配合别人，怎能委你以大任呢？

其次，不要夺了别人的光彩。“捧哏”的目的就是突出“逗哏”的人，你见过伴娘抢了新娘风头的吗？如果有，肯定会被新娘记恨。奥斯卡有最佳男女配角奖，但最佳的配角正是能最好地突出主角的人，而不是埋没了主角的光彩，抢夺了主角戏份的人。在相声中，好的捧哏能让逗哏的人说得更加精彩，不好的捧哏能让逗哏的人哑口无言。原因就是他们往往忘了自己配角的身份，夺了别人的光彩，堵住了别人的出路。工作做不好，有时候不仅仅因为主角能力差，往往因为配角不配合。下属常常分不清谁重谁轻，要听谁的吩咐，有了分歧以谁的意见为准，所以工作往往做不好。而有些场合明明别人才是主角，他偏偏打扮得光彩照人，说话谈吐也抢在前面，所以往往使人误解，引起主角不快。试想，如果一个记者采访明星，明星不说话，而他的经纪人则喋喋不休，是不是引得大家都不愉快？所以“捧哏”要注意自己的身份，切忌抢夺别人的光彩。扮好人生舞台上的“捧哏”，我们的形象一样会越来越高大，迟早我们会成为真正的“逗哏”。

20岁以后，我们一定要向着这一目标努力，才能培养出自己受人喜爱的人格魅力，人格伟大，事业才伟大。

第03章

注重形象——用脱俗气质征服他人

树立良好的个人形象是年轻人事业成功的重要因素，这不仅仅是建立良好人际关系的重要因素，也是与他人进行信息沟通、思想联络的工具之一。20岁懂得注重形象，30岁依然美丽如故。

好形象是影响力的潜在资本

日常生活当中，人们谈论一个人的综合素养时，往往离不开对其形象的评价。因为好的形象本身就是一种魅力。作为一个初入社会者，你的音容笑貌、举手投足都会在人们的记忆中形成一种印象。这种印象的好坏，决定了你在人们心目当中所留下的影响力，而这种影响力的大小，会决定你在社会中扮演的角色，最终成就你的社会地位。

20岁以后，我们要明白，好形象是影响力的潜在资本，如果提到一个人，人们首先浮现在脑海里的是一个邋里邋遢或者畏畏缩缩、溜须拍马的小人形象，人们就会对他的信任打折，他的影响力就会受损。而如果提到一个人，大家对他的印象，是一个风度翩翩的有志气的年轻人，着装得体，谈吐自如，仪表不凡，一举手一投足都流露出一个成功人士的威仪。那么，即使他今天只是一个小职员，你也会认为他定非池中之物，将来必成大业。

因此，要提升一个人的人格魅力，扩大一个人的影响力，就必须从塑造自身的形象开始。怎样才能塑造好自身的形象呢？要从内外两方面着手塑造。外部，即一个人的着装、谈吐、表情、姿势等。内部即气质、气度。气质是人的“门面”，气度是人的风度。我们强调的“形象”，并不是简单的衣着、长相、发型……而是人的综合全面素质，是外表与内在结合留下的印象，内容宽广而丰富，包括你的穿着、言行、举止、修养、生活方式、知识层次、你住在哪里、开什么车、和什么人交朋友等。合适的形象，能清楚地为你下定义——你是谁、你的教育背景、你的社会地位与社会关系、你如何生活、你的发展前景……我们要由外而内地对自己的形象进行塑造，才有可能扩大我们的影响力。

"人最重要的不是外表，而是内涵。"这是一句多数人拿来为自己的不修边幅开脱的名言。然而，事实却是，时代在不断地变化，视觉已经越来越有效地控制了人们的第一印象，人的自身形象，已经可以决定别人的评价。

这已经是一个形象与内涵必须并重的时代了。深具内涵的卓越形象能使人处处散发卓尔不群的气度，然而在这个时代，眼见为实才是影响力延展的第一步。提升个人形象就等于提高社会竞争力，一个人的着装、举止、谈吐所构成的整体形象，无时无刻不在影响周围的人群，并决定他受认可和尊重的程度，为他的事业发展提供助力。

一个人内在的气度品位如何，要通过外在的着装、举止、谈吐表现出来，因此，改善自己的着装、谈吐、举止是树立一个人形象的较快的方式。二十几岁的年轻人要想树立良好的形象，首先要从着装与表情、语言入手。犹太教里有这样的教诲：人在自己的故乡所受的待遇视风度而定，在别的城市则视服饰而定。因为体现一个人外在的着装一目了然，迅速给人留下一个完整的印象；而体现一个人内涵的举动则要通过长时间的观察才可以得到。因此许多大公司对所属雇员的装扮都有规定，这是自己的形象，也是公司的形象。人们见你的第一眼，就根据你的穿着给你定了位。

一位企业家这样说道："在商界，企业家最初的合作看什么？其实很大的成分是看衣着。有一次，我想开发一种新的产品，一位朋友给我介绍了一个合作伙伴。见面的那天，他穿着西装，里面没穿衬衣，只穿了一件圆领衫，手里拿着一个彩色手机。"

"我当时看着就很别扭。你想想，西装是多正式的着装，他弄了件圆领衫来配。典型的暴发户形象，我当时就决定，不与他合作。后来，朋友说，他真的很有钱，而你正缺钱。我说，我缺钱不假，可是合作伙伴这个人才是主要的。出了钱，他就要参与，要管理，要与我共同决策，他的水平直接影响到我的生意，所以我不选择他。”当你还没有开口说话的时候，衣服就是你的代言人，一个人的外在形象留给大家的潜在印象的差别是不可估量的。如果不想成为同行的笑柄的话，你的服装必须合体；如果不想让同行或客户鄙视的话，你的着装必须庄重；如果不想让人看出你的性格或爱好的话，你的服装必须是保守的、得体的。得体的服装永远可以为你的形象加分，而根据时间、场合、你的身份，随时随地地搭配出能体现个人形象、个人品位的服装，更是20岁以后年轻人的必修课。我们经常可以听到人们评价一个人的“气质”如何如何，说明气质是人们留给被谈论者的“印象分”。有了“印象分”，人们可能还会深度谈论他的气度，因为气度是人们留给被谈论者的“感觉分”。如果你在团队的这两个方面得到了“高分”，说明托形象之福，你在团队当中已经享有一定的影响力了。

当然这些只是粗浅的看法，但是世界上的人粗浅者居多，有多少人是福尔摩斯，可以从你形象上看出一个小小漏洞呢？还是不多的。基于这种想法，我们更要把自己包装得华丽，才更容易把自己推销出去，更容易获得人们的认同。而认同就是影响力的第一步，好的形象当然可以为你加分，让你获得更多的认同，让你在人群中的影响力更大。

气度决定成功的高度

气质、形象作为一种视觉上的标志，对人们的社交质量起着相当重要的作用。而风度则是在这种作用下产生影响力的一种补充。一个人的气度则决定着他成功的高度。20岁以后，我们要清楚怎样的风度才是被人们所尊崇的，拥有怎样的风度，人们才可能对你产生信任，进而产生依赖、尊敬，而这些直接导致你的成功。人要有风度，就像女人要性感。风度翩翩是对人最好的形容词之一。风度好的人，总令女孩儿怦然心动。然而，什么是人的风度呢？它包括心胸的宽广和态度的潇洒。

首先，如果一个人心中只有方寸之地，女人都要嗤之以鼻了。一个男人有怎样的气度和气量，就有怎样的心胸和怎样的风度。好的气质还需要好的气量来容纳。如果没有气量，则枉有气质。东汉末年时期的周瑜，虽然“雄姿英发，羽扇纶巾”，有好的气质，但由于气量太小，不能容人，最后也英雄无用武之地。正如《素书》所说的“地薄者大物不产，水浅者大鱼不游。树秃者大禽不栖，林疏者大兽不居”，气量小，则难成大业。

人要有气量，是说人要有肚量、有容量，有容乃大。不仅容自己的气，还要容别人的气，不仅容好的气，还要容坏的气。既容友人，亦容敌人；既容人之短，亦容人之长。人不能小气，而要大气。这也就是所谓“宰相肚里能撑船”。所以，一个人的气量，应该是宽容和大度的。宽容大度的人，不仅对于女人，对于人也是有魅力的。

其次，是一个人的态度。态度从容优雅，无论在什么样的情况之下，都不会做出失态的事来，这是一个人风度的最好表现。一个人平时仪容端庄，举止得体，是比较容易做到的。但是如果遇到非常事，比如，遭遇到了冒犯或者很高的期望值落空时，就很容易失态，暴露出本来面目。我们平时就要注意克制自己的内心情绪，其实最关键的还是一个人的素质与涵养问题。非常态下的风度，更能表现出一个人的胸襟和涵养。

在第二次世界大战中，法国以贝当为首的维希政府的总统、总理与部长、将军们都投降了纳粹，唯有戴高乐将军坚持抵抗，最终取得了胜利。也许那些贵族们平时比戴高乐更有骑士风度，但法国人热爱与崇拜的还是那在地下坚持抵抗的戴高乐将军的英雄风度。戴高乐将军在收复巴黎随军穿过凯旋门时，巴黎城万人空巷，多少人向戴高乐欢呼与掷帽子？多少人拥上去想把戴高乐抱起来抛向天空？一个巴黎女人在日记里写道：戴高乐骑在白马上，风度迷人，令人疯狂。

大诗人李白的老师曾写过一本《反经》，谈到察色之法道："察色谓心气内蓄，皆可以色取之。夫诚智必有难尽之色，诚仁必有可尊之色，诚勇必有难慑之色，诚忠必有可观之色，诚洁必有难污之色，诚贞必有可信之色。"一个人内心如何，必表达在外在的言行举止上。言行举止，是内在气质的外在表现，这才是真正的风度。因此，才有这流传千古的名句："先生之风，山高水长。"一个人的道德情操，才是真正体现一个人风范的人生标尺与试金石，它决定了你人生所能达到的高度。好的风度会把我们的人生高度带到更高的境界，对人们产生更大的影响力，使人们更容易追随我们，使我们更成功。

现任微软"二号人物"的巴尔默是盖茨在哈佛学习时同一层宿舍的好朋友。两人都精力充沛，喜欢数学，爱逃课，但考试时成绩却很好。至于形象魅力，巴尔默的口碑则远在盖茨之上，他好动、爱社交，气质上佳，在同学当中很有影响力，因而被盖茨称为"夸夸其谈的社交动物"。巴尔默身材魁伟、习惯咬指甲、大嗓门、具有十分干练的激励才能。这些正是他形象魅力的重要参数。在销售会上，由于他喊"Windows! Windows!"时用力过大，曾把声带喊破，只好去动声带修复手术。性格狂躁的他与性格偏内向的盖茨成为完美搭档：那些与巴尔默进行过谈判或是完全进行对抗的竞争对手，都了解他的工作魄力。他们把盖茨比作一个好警察，而把巴尔默比作一个坏警察，因为盖茨作为一号人物，只会把人送上天堂，而巴尔默作为二号人物，则会将竞争对手置于死地。尽管如此，人们还是十分敬重他，喜欢和他打交道，原因是：他的形象魅力太出众了，因此也太有影响力了。风度的形成有先天、环境、学习三个途径。天生的最难改变，环境造成的和学习形成的则相对容易改变。想要塑造一个人好的气度、风度，就要注意营造一个好的环境，注重实践，注重学习，同时要注意克服住先天的某些缺陷。注意塑造人宽容大度，阳刚大气的风度，更要在重要场合中表现自己潇洒自如、挥洒若定的翩翩风度。这些并非一朝一夕可以做到，它需要持久而艰苦的自我磨砺。

20岁以后，我们要不断修炼，以期拥有更好的风度，扩大我们的影响力，使我们看起来就像个领导者、成功者，这样我们才会迅速攀上成功的高峰。

从细节打造个人形象

一个人的形象吸引力，通过细节才能够看出来。因此要想完善自己的形象就要从细致处着手，一点儿也不能疏忽，这样才能增加你的吸引力，使你从人群中脱颖而出，从吸引别人到影响大家。

那么，我们要从哪些细节来完善自己的形象呢？

第一，好的生活习惯。在日常生活中，我们经常可以看到一些人的不良习惯，如屁股坐在椅子上，脚却蹬在桌子上，走起路来没精打采，不讲卫生，随地吐痰等，极不雅观。人要想具有优美的风度，好的形象，就要下功夫培养自己各方面的良好习惯。言谈举止、动静坐行都要符合规范。如走路要昂首挺胸，步履轻捷，体态端庄，欣欣而来飘然而去，给人留下健康向上的风度美的印象。在培养风度的过程中，锻炼身体，注重体形的健美，也是很重要的。

第二，人的自我打扮。在服饰方面，人的外衣中，中山装、西装和夹克等适于社交场合，运动服或法兰绒之类的柔软外衣不适于社交场合。合体的上衣应长过臂部，四周下垂平展，手臂伸出，上衣的袖子恰过腕部。领子应紧贴后颈部。衬衫领子稍露出外衣领，衬衫的袖口也稍长出些。

（1）衣袋：正式服装的外部衣袋里是不应放东西的，裤子后面的口袋里也不应放东西。皮夹、手帕、钢笔等应放在外衣里侧的口袋里。平时，不要把手插在衣袋里。

（2）礼服：用于略带庄重场合的穿着，现在通用的是全套西服（双排扣更为庄重些）。颜色为黑、灰或蓝，上下一色说明更加庄重。穿西服时最好也穿上西服背心，因为让人看到衬衫和裤子的连接处是不雅的。领带的花色要尽可能与衬衫、外衣的颜色搭配好。搭配方面，除了传统以外，还可以加一些时尚元素，比如领带的花色活泼一些，长度、宽度根据场合进行调整，某些场合甚至可以突破领带的最低宽度。领带上还可以增加一个别致的领带夹。总之，除了中规中矩，做一些适度的改善，也是用心的一种表现。

（3）风衣：风衣是大衣的一种，通常有两排纽扣和一条腰带。在正式场合一般不宜穿风衣。有很多活动场合，风衣可使你显得更加潇洒。穿风衣时让衣领竖起七分高，腰带系好后随意垂下，最下面的纽扣可以松开。风衣不穿着时，可以随意地用一只手臂挽搭着，显得较有风度。

（4）首饰：人的首饰只限于结婚戒指和图章戒指，另外还有手表或挂表，图章戒指应戴在左手小指上，结婚戒指戴在右手无名指上。

（5）鞋子：黑色或深色的鞋可以同一切正式的服装配用，旅游运动鞋或布鞋不能同西服配穿，中山装可以与布鞋一起穿，无带皮鞋不适于正规场合穿。男士着装注意事项：西装要穿着合体，优雅符合规范。如打领带时，衣领的扣子要系好，领带要推到领扣上面，下端不要超过皮带。如果是穿毛衣，领带应放在毛衣里面，如果别领带夹，应在衬衣第二、第三纽扣之间，不要别在领口。如不系领带，应把领口解开，衬衣领也可翻到西装外。一般西装是两个扣子，应记住扣子只系上面是正规，都不系是潇洒，两个都系是土气，只系下面是流气。如果是三粒扣子，最好只扣中间一粒或都不扣。

第三，人的言谈举止。人说话音量要不大不小，声音宜低沉圆润，不宜高亢尖锐。从某种意义上说，大嗓门象征着人的威慑力和凝聚力。一方面可以弥补语言上的匮乏；另一方面还可以加强说话的语势。同时大嗓门可以为自己壮胆，心虚的时候，放开嗓门大笑几声，浑身肌肉都能得到松弛。而语言上的风趣幽默，简洁有力更使人的魅力倍增。人一定要戒除说脏话的坏习惯，有人说文人骂人讲究雅，官场骂人讲究拐弯抹角，但无论如何，口出恶言都不是一件值得荣耀的事，而脏话更像是美餐中的一只苍蝇，让人恶心不已。人们不可能完全不对别人产生恶意，或厌恶之情，我们遇到讨厌的人不妨说几句讥诮的话，但脏话却切记不可说。那不但是对别人的侮辱，同时也是对自己人格的一种侮辱。人话可以少，但要精，说出来的话要有分量，切不可喋喋不休，让人轻视。

一般情况下，人们往往通过以下几个细节来断定男士“高雅”的水准：

（1）有一双干净修长的手和修剪整齐的指甲。

（2）无论吸不吸烟随身携带打火机，以方便在周围的女士吸烟时为其点烟。

（3）天天换衬衫，保持领口和袖口的平整和清洁，有时还应使用袖扣。

（4）腰间不悬挂物品，诸如手机、呼机等。

（5）在与女士相处时，不放过每一个细节以对女士加以照顾，并且几乎在完全下意识的状态下操作。

（6）在吃饭时从不发出声音。

（7）较常人使用礼貌用语更为频繁。

（8）在进入需要穿拖鞋的屋子时，不会有奇怪的味道。

（9）随身带有口香糖，口气绝对清新。

（10）任何场合都要女士优先，比如公交车上，如果在你身旁站着一位女士，你绝对不可以坐在座位上无动于衷。

知道了这些以后，我们就要有针对性地在细节处完善我们的形象，塑造我们对于别人的吸引力和影响力。

善于向成功者学品位

一个人的外表形象反映着他的内心状况，一个人的穿着打扮反映着他的品位，一个人的气质显示着他的情趣、风度。如果我们看起来就像一个成功者，就会赢得人们的尊重、敬佩，迟早就真的会成为一个成功者。

20岁以后，我们对于什么是成功者的形象和风度要有自己的判断，这绝不是简单的模仿和造作能够完成的。一个人的形象，是长期的生活环境造就的。在国外，一个来自富足具有绅士传统的知识分子家庭的人，往往从七八岁甚至更小的时候，他的父母就会教他欣赏交响乐，使用刀叉吃东西，并会在他们的圈子里举行聚会时教育儿子“记着，只有与优秀的人在一起你才会更优秀”。甚至会告诉他大人物的话题永远离不开高尔夫球、骑术、击剑、游艇等运动的谈论。

同时它也是长期锻炼的结果，如果你没有傲人的家世，你的父母亲人向来是佝偻着腰做人的。他们唯一能教给你的就是做一个质朴的老实人，如果你不想再弯着腰做人，也不想让你的子孙后代弯腰做人，你就要学会通过锻炼，学习从外表和内心武装自己，扩大自己的影响力。这样通过长期的锻炼，你也会拥有良好的形象，拥有良好的素质。这样当有一天，你拥有财富了，才不会像个暴发户。而即使你还不曾拥有财富，你成功者的形象很快也会给你带来成功。

一个成功者看起来是什么样子呢？他们通常看起来都是顶天立地的，永远衣着得体、神态自如、举止有度、谈吐风趣。目光炯炯有神，看起来有用不完的精力和活力。做事永远积极，无论身处任何场合，他们很少失态。他们机智幽默，沉稳而不失风度。他们勇敢刚毅，做事执着，心怀坦荡，洒脱豪放。他们个性鲜明，坦坦荡荡。他们独立自主，意志刚强。他们强横且自信。他们宽厚挚诚，是众人眼中出色的人。我们也要从这些方面塑造自己的形象，让自己看起来就像一个成功者。

首先，在外形上我们要训练好站、坐、走的姿势。站姿一定要挺拔，抬头挺胸收腹，一切要平，这是最起码的站姿，而且不管在哪里，在哪种场合，只要是站就要保持这种形态，长久下来就会形成一种习惯；坐姿一定要雅，上身要正，臀部只坐椅子的三分之一，腿可以并拢向左或向右侧放，也可以一条腿搭在另一条腿上，两腿自然下垂；走要不快不慢，稳稳当当。当然，这一切都要做得自然，毫不做作，否则走路像走军步，一看就是强加训练出来的，明显对自己不自信，还不如用原来的姿态好。

其次，还要训练自己有力量的身体语言，让自己的身体语言透露我们的决心，语言有暗示作用，身体语言同样也有暗示作用。如果我们说话、做动作时充满活力，积极乐观，我们的心理就会逐渐变得积极；对生活持严肃认真的态度，有追求，有理想，不要做毫无头脑和追求的人。

一个人拥有健康的身体素质、良好的修养和心理素质，并在工作和生活中不断学习和充电，不断接受新事物，改变旧观念，跟上时代的脚步，提高自身各方面的能力，就会使自己在容貌、精神面貌和气质上有一个本质的改变。

北大的一位教授曾经说过，一个人，有没有文化是可以写在脸上的。内通方可外达，只有我们内心真正充实起来，有内涵，我们的外形才可能得到彻底的改观。这是需要长期坚持的，这种坚持不但给你带来好的形象，还会给你带来有追求的生活。“看起来像个成功者”在你的事业中会为你敞开幸运的大门，让你脱颖而出。因为通过我们的穿着、发式、举止、生活方式等不仅仅流露出有关我们自身出身、地位、发展前景等信息。那些我们自以为隐藏得很深的内心世界，我们以为只有自己才能够知道的思想、人生态度、处世哲学、世界观、价值观等，也会悄悄地通过我们形象的光环在向外渗透。

正如心理学家的试验所要证明的，你的形象很多时候正在传递着你内心的正面或者负面信息。积极的心态会吸引积极的人，还会吸引财富。消极的心态却会排斥财富和机遇，驱赶要接近你的人。

一个成功者的形象和心态可以向众人传递你积极成功的信息，更会影响你周围的人，让他们也变得更积极乐观，同时你也成为人们乐意交往的对象。20岁以后，我们一定要树立自己成功者的形象，让自己看起来积极、乐观、主动，是做大事的人，使自己看起来像个成功者，最终我们就能成为一个成功者。

提升品位，塑造影响力

平时，谈到品位，我们总是觉得这是一种很玄妙的东西，只可意会，不可言传。其实，品位就是一种人们追求的一种生活状态。品位也是这种状态在物质方面的表现，具体表现为一个人穿什么样的衣服，听什么样的歌，看什么样的书等。品位，就是对生活的品尝，对生活的选择和自己对生活的适应程度。

品位是一种生活状态的取向，是一点一滴的生活积累。品位不是靠金钱堆砌而成，而是时间和生活的热情，在岁月的流逝中沉淀下来的精华。我们可以没有钱，但绝对不可以没有品位。不可否认，在一定情况下，品位与物质有关，但一个人对物质的追求，并不一定就是有品位的体现，更不能说对物质的追求就是对品位的追求。物质能带给人享乐和快感，却不一定带给人有品位的生活，除了必要的物质条件以外，有品位的生活还必须有较高的个人修养。廉价的东西也需要用高级的品位去挑选，才可以让人觉得有格调、有品位、有气质。

20岁以后，我们一定要知道真正的好品位是什么，什么是低级趣味，我们可以模仿哪些行为，挑选哪些衣饰，作为塑造我们的好形象的资本。既不能附庸风雅，更不能培养低级趣味。其实，品位无所谓好坏，适合自己就是好的。

有些年轻人，为了让人觉得自己有品位，盲目地模仿他人，留长发，叼烟卷，歪戴帽，斜着眼，装出一副潇洒样子给别人看，结果矫揉造作，反而弄巧成拙，给人以轻浮粗俗之感，更加不堪。如果你不是街头艺术家或者摇滚音乐人，建议这样的品位还是不要养成为好。

真正的好品位不是一两天就模仿来的，它需要靠长期的培养。言为心声，行为神使。精神面貌直接影响到人的外观表现。但是好的精神面貌不是一两天可以培养成的，高级的品位也需要通过一些技巧来锻炼才行。

首先，从挑选适合自己的衣饰来锻炼自己的品位。很多人的衣饰都是母亲或女朋友代为挑选的，他的衣饰只能代表另一个人的眼光。在此建议自己来挑选和搭配衣饰。挑出符合自己身份形象的衣物饰品，提升自己的眼光。每一次挑选都是对自己眼光的一次提升，选购东西的眼光与生活方式息息相关，那种随随便便买衣服搭鞋子的人一定在生活中会随便做事，随便交友，随便找个与自己所学专业相差甚远，自己也不感兴趣的工作，在不知不觉中与不中意的人交往甚至结婚。所以，锻炼自己的眼光极为重要，要想自己拥有的东西有品位，就要熟悉时尚，切不可盲目模仿。对于正在流行的不能不懂，否则很容易就会让自己落伍，但也不能盲目追随。从流行的因素里找到适合自己年龄、职业的元素，再添加自己的特色，对于服装打扮的品位就成功了一半。

其次，多读好书，多听好的音乐。“腹有诗书气自华”，男人没文化是草包，女人没文化是花瓶；男人没文化是没品位，女人没文化就是缺乏气质。培根在《论求知》中说：“当你孤独寂寞时，阅读可以消遣。当你高谈阔论时，知识可供装饰。当你处世行事时，正确运用知识意味着力量。懂得事物因果的人是幸福的。有实际经验的人虽能够办理个别性的事务，但若要综观整体，运筹全局，却唯有掌握知识方能办到。”他认为知识不但可以塑造人的性格，而且可以改善精神上的各种缺陷。要想有好的品位，读书不失为一种好方法。一本好书就是一位好朋友，避免低级趣味的方法，就是要摒弃读华而不实的书和趣味低级的书，在阅读上也要培养自己独特的品位。只读经典的书未免乏味，只读流俗的书未免庸俗，只读畅销的书未免狭隘，因此我们阅读也要广泛而深邃。高雅男士一般好思考、好舞文、好捧读文学艺术方面的经典名著。对一般的书翻看一两眼，倘若认为俗，便绝不再拿起，包括讨论。好的音乐可以陶冶人的情操，对于流行音乐我们可以欣赏，却不必痴迷追捧。有一个贵妇请萧伯纳听音乐，萧伯纳却在座位上打起了盹。贵妇不满，说："这些可都是最流行的。"萧伯纳反驳她说："流行的若都是好的，流行感冒就要大行其是了。"在星期天可以去音乐厅，拉近自己和艺术的距离。在轻音乐中翻阅自己喜欢的画册美文，既可以让人平和宁静，又可以让原本贫乏的知识教养有所提高。

最后，在举止谈吐、形象方面接受专业人士的建议。根据某杂志采访三百位国内知名企业家及商务人士，发现他们很希望或已经拥有的私人高级职业顾问是：私人（形象）教练、私人健康顾问、私人衣橱顾问、私人律师。我们虽然没有金钱雇用私人专家，但也可以让专家人士为我们进行形象策划，寻求专业人士的帮助，能得到最专业、最快捷有效的指导。经过专业人士的精心策划后，你的言谈举止、着装和品位看起来就会像一个成功人士。

你可以贫穷，却不可以潦倒，对于生活的严肃认真态度是每一个人都可以做到的，对于自身的修养，一个现代文明人的教养，是无论任何人都必须修炼的。

品位这种东西，不但是用金钱堆出来的，还是我们在平日里锻炼出来的。我们平时就要注意提高自己的素质，内心世界充实，爱生活，有情趣，外部才能体现出气质、品位和情调来。

20岁以后，我们要提升自己的品位，使自己成为一个有风度、有品位、形象良好的年轻人，塑造自己的影响力，培养良好的个人形象魅力，才可能迅速成功。

用你的形象魅力感染他人

一个人要想成为众人的领导者，让别人追随你的思想，就一定要有深远的影响力和号召力。让你的形象、风度和人格魅力感染他人，得到他人的信任和尊敬，心甘情愿地追随你。20岁以后，我们不但要自己乐观努力，更要积极地帮助他人，学会宣传自己，向众人推销自己的思想，让大家都成为你的追随者。如何让更多的人认同你，追随你呢？

首先，要有高瞻远瞩的眼光。一个人是否具有影响力和号召力，不是一两天形成的，是经过时间的检验证明出来的，是否具有真正的高瞻远瞩的眼光，注定了一个人的影响力和他的地位。如果一个人总是处在前沿的位置，他的预言总是能够变成现实，他的判断总是最正确的。那么人们就会喜欢追随他，他的预言、行动就会变成人们行动的风向标。因为跟着他，总会做正确的事，获得最大的利益。

历史上的那些革命英雄，总是对革命和世界局势有着最正确的判断，总能表现出高瞻远瞩、把握大局、雄才大略、驾驭群论的英雄风度，表现出一种革命家、政治家的领袖风度。因此总有众多的优秀人物抛头颅，洒热血，追随这些卓越人物。在现代，也有很多优秀的人，总是对经济局势有着最正确的判断，使得众人追随。

2006年，李嘉诚就觉察到金融危机将至，当时就提醒管理层，并先后在年报上披露。并每次在重大媒体发布会上都会呼吁大家谨慎投资，注意泡沫经济风险，并特意向股民发出忠告，中国香港与内地股市均处高位，而且要留意美国次贷问题。但在当时由于股市一路飙升，没有多少人理会这个忠告，甚至还有一些所谓股评家批评李嘉诚“不懂股票市场”。2008年，随着雷曼兄弟的破产，美国金融危机迅速向全世界蔓延，几乎已经没有人怀疑李嘉诚的判断了。所有人都陷入了金融危机中不能自拔。唯有李嘉诚凭着对经济层面的把握以及对企业战略方向的管理与预测，依然坚如磐石。正是这种真正的高瞻远瞩的眼光，建立了他个人的威信和号召力，扩大了他在民众中的影响力，使他拥有了更多的追随者。

其次，用人格魅力去征服众人。所谓“正人先正己，正下先正上”，在团队中的凝聚力必须以“正”为前提。人们都知道，一个人的知识底蕴、智慧谋略、办事胆略、决断力等综合能力的表现，是求证这个人气魄的标尺。如果你的气魄是有征服力的，你的性格魅力就算可以“OK”了一半。然而这还不够，还要关注你的凝聚力究竟有多大？这里就牵涉到“量”的问题（亦即气量）。而培养气量之“正”，更需倡导管理者要具有“宰相肚里能撑船”的宽容之量。

如果你的性格在团队中深得大家的赞赏，你的个性正是大家想拥有而不具备的，那就说明你已经在你所在的团队当中树起了你的向心力。近现代中国革命史上，邹容写《革命军》被关监狱，章太炎陪之坐牢；写《赤都心史》《多余的话》的秋白烈士，临刑时高唱《国际歌》，并自己选择一块就义之地，转身从容面对刽子手的枪口，说：“此地甚好。”周文雍、陈铁军夫妇在刑场上进行婚礼，慷慨激昂地宣言：“让反动派的枪声做我们婚礼的礼炮吧。”“带镣长街行”的李大钊先生赴刑从容，报章载为“临刑犹保持共产党领袖的从容风度”——这些光照千秋的“铁肩担道义，妙手著文章”的革命家的人格魅力，换来了一批又一批热血男儿的追随。再如，蒙牛集团的当家人牛根生本人颇有侠义之气，重情重义，轻财轻权，从伊利退出以后，很多原来的老部下都选择了跟他一起重新打江山。

最后，树立好的形象。好的形象本身就有一种令人追随的魅力。人们往往喜欢模仿明星运动员的言谈举止和动作姿势。认为他们的言谈举止是一种美的标准，在成功之前我们都会不自觉地模仿成功者的形象。大家都有同样的心理，因此希望别人追随你的思想，模仿你的形象。就要使自己的形象、举止、风度有一种特殊的魅力，令人欣赏、敬佩，进而追随你。让别人追随你的思想，就证明你的思想是正确的，值得追随的，这就要求我们有高瞻远瞩的眼光，对局势有正确的判断。然后用你的人格魅力和风骨赢来众多的敬佩，用你性格上的优势来征服众人比地位和权力更有威信。

当然，一个人的形象价值不可估量，树立良好的，值得众人追随的形象，更容易赢得别人的认同与追随。一个人要想赢得众人的追随，必须从以上三个方面努力锻炼，才能够成熟，从容；态度的从容优雅，才会让人产生挖掘你的思想深处，追随你的脚步的欲望。

20岁以后，一个人就要做到气度从容，成熟优雅，判断正确，从而让人敬佩，甚至义无反顾地追随你。

具备亲和力，留下好的印象

人际吸引是建立良好人际关系的重要条件，是成功交往的开端。如果一个人在仪表、谈吐、举止、风度等方面吸引他人，有亲和力，给人们留下好的印象，人们就会对他产生好感，愿意跟他进一步交往。

20岁以后，人要想成功地建立良好的人际关系，就必须明白什么是人际吸引，怎样才可以做到人际吸引，进而进行成功的交往，扩大在人群中的影响力。人际吸引是人际关系中彼此相互欣赏、接纳的亲密倾向。根据心理学研究影响人际吸引的因素有外貌、熟悉与邻近感、相似性、互补性、才能、人格品质等。

第一，若想增进人际吸引，则应进行合适的“印象修饰”。从自己的服饰、举止、面部表情、精神状态等做出适合于自身的角色和当时情境需要的行为，产生令人愿意接近、接收的吸引力。人们喜欢美，这是一种自然倾向。留心外表的修饰，就会增加一个人的印象分，让人对你的评价与判断，比你本身拥有的素质更高一些，而这些无论是从功利的角度来讲，还是从理想的角度来讲对你都是有利的。要知道一个人对另一个人的第一印象是很难改变的，即使日后知道了你并不如第一次所表现得那么优秀，也会经过很长时间才能修正对你的看法。而一个人如果给人留下了不好的第一印象，即使日后努力证明了他是如何的优秀，人们也很难再次接受他。所以，人际交往中，第一印象很重要，也是对外表修饰的一个重要因素。

第二，熟悉与邻近感。心理实验告诉我们，不论人或动物，彼此接触的次数增加，熟悉度也逐步增高时，便会具有吸引力。因此，如果你想增强人际吸引，则要留心提高自己在别人面前的熟悉程度。有时两个人彼此第一次见面就会有“似曾相识”的感觉。如果你对其他人有这样的感觉，或者其他人对你说出“我们是不是在哪见过”之类的话，我们一定要积极作出响应，增加“我们很熟悉”“我们也许见过”的印象，会使我们更加吸引彼此，做出更深入的交往。

第三，增加两人之间的相似性。我们往往喜欢和那些与我们拥有共同志向、态度和兴趣的人交往，这就是相似性的作用。相似性包括：

（1）信念、价值观和个性特征的相似性。

（2）吸引力的相似性。

（3）社会地位的相似性。

（4）年龄的相似性。

这里值得注意的一点是，这里的相似性不是实际的相似性，而是感知到的相似性。所谓的“物以类聚，人以群分”“酒逢知己千杯少，话不投机半句多”，就是相似性给我们带来的影响。因此，要想成功交往，就要扩展自己的兴趣爱好，尽量在更大的范围内，增多与他人有交叉的部分，也就是与更多的人有相似性。

第四，增加与他人的互补性。人们有喜欢那些与自己相似者的一面，也有喜欢那些与自己个性品质相反者的一面。这样双方不同的心理品质，可以使对方得到心理上的补偿。也就是说，当双方的需要以及对于对方的期望正好呈互补关系时，就会产生强烈的吸引力。例如，日常生活中常有急性人和慢性人合作得很好，爱听的和爱说的成为好友的现象。

第五，才能。才能一般会增加个体的吸引力。但如果这种才能对别人构成社会比较的压力，让人感受到自己的无能和失败，那就不会对吸引力有帮助。研究表明，有才能的人如果犯一些“小错误”，会增加他们的吸引力。

第六，人格品质。人格品质是影响吸引力的最稳定因素，也是个体吸引力最重要的因素之一。学者安德森研究了影响人际关系的人格品质，认为最受喜爱、最吸引人的品质有真诚、诚实、理解、忠诚、真实、可信，它们或多或少、或直接或间接同真诚有关；而最不受欢迎的品质有说谎、假装、不老实等，也都与真诚有关。真诚受人欢迎，不真诚则令人厌恶。

人际交往中，人格因素至关重要，不良的人格特征或人格缺陷容易给对方以不良的评价、不愉快的感受和不安全感，从而影响人际交往。常见的人格缺陷有：自私自利、为人虚伪、不尊重人、报复心理、嫉妒心理、猜疑心理、苛求别人、过分自卑、骄傲自满、孤独固执等。这些人格缺陷严重影响人们之间的交往。因此，不断完善人格非常重要。明白了影响人际吸引的因素，我们就要在这些方面多加修炼，以期能够吸引他人，从而达到成功交往，扩大人际关系和影响力的目的。当然这是长期的事情，要想在短期内提高吸引他人的素质，我们还要掌握吸引他人的一些基本技巧。比如，微笑的表情、良好而得体的谈吐、赞赏他人的真诚态度、强大的身体语言等。我们只有从这些具体的细节入手才能够培养自己吸引他人的素质，做到人际吸引从而进一步成功交往。

20岁以后，我们要明白自己吸引他人的素质在哪，不断培养自己人际吸引的能力，提高自己的交际能力，促进我们与他人成功交往。

第 04 章

吃亏是福——目光长远才能走得长久

年轻人要懂得吃亏是福，学会以辩证的眼光去看待每件事情。某些时候，一些在你看起来很糟糕的事情，其实对你是很有利的。暂时的吃亏并不是什么坏事，这会让你积累更多的东西。

吃亏其实就是占便宜

20岁以后，在社会上行走，一定要学会吃一点亏，不能吃亏的人，反而会受到更大的伤害。无论是工作上付出多少努力，索要多少报酬；还是同事间相处，斤斤计较都会为我们未来的事业带来不良的后果。要知道世上没有免费的午餐，也没有白白付出的努力，更不会有白白让出去的利益。每个人让出了自己的利益，就会在其他方面获得一定的收获和补偿。用“吃亏就是占便宜”的心态做人做事——它可累积你的工作经验，增强你做事的能力，扩张你的人际网络。

现在的很多年轻人对工作挑三拣四而又敷衍了事，摆出一副毫不吃亏的姿态。在他们看来，工作只是自己前进中的一个跳板，或者只是一种挣钱的手段，又何必那么认真呢？他们这样做，表面上看似乎很聪明，事实上却是聪明反被聪明误。对于大多数人来说，工作的确是一个跳板。随着人才流动的频率加快，人才选择的余地日益丰富，一个人守着铁饭碗的事情，已经是老皇历了。但我们必须搞清楚一个最关键的问题：这个跳板是让我们越跳越高的，而不是越跳越低。要想越跳越高，我们就必须保证自己的能力在这个跳板上不断得到提高。如果面对工作秉持敷衍塞责的态度，我们的能力也不会得到太大提高。如果没有引起老板注意的出众能力，进不了老板的眼睛，所有晋升和加薪的机会都将与我们无缘。即使老板愿意给我们好的机会，我们也很难把握。因此，唯一的结果就是越跳越低。

刚刚参加工作的时候，我们既没有太多的经验，也不具备太多的能力，更谈不上做出卓越的成就。在短期内，我们不可能得到一份在各个方面都十分如意的工作。因为相对于工作需要来说，我们欠缺的东西太多了。这时候，每一份工作对于我们来说，都是一种绝好的历练机会。不管自己的职位有多低，收入有多么微薄，我们都不要小看每一个平凡的工作岗位。因为即使再优秀的人也不可能一步便能走到成功，而绝大多数的成功者都是从平凡的岗位上一步步走来的。只要我们不断努力，把自己的工作做好，在工作中不断地总结、提升，机会来临只是早晚的事情。

而不肯吃亏的态度，会让我们面对微薄的薪水，忽视工作，敷衍塞责。到最后，吃亏的是我们自己，我们会变得平庸，最终只能庸庸碌碌、窝窝囊囊地度过一生。对于和上司、同事间的相处，也是一样的。乐于吃亏的态度，会让我们赢得更好的人缘，如果我们只看重眼前的利益而与上司、同事斤斤计较，不肯退让一步。我们就很可能因为这些得罪人，使我们的人际关系难以展开，给公司高层留下不好的印象。而如果我们肯吃亏，不计代价地做事，迟早会得到上司的赏识，我们的机遇也就来了。

5年前，马可在一家公司当速记员。他的顶头上司是一个叫王揽的家伙。他工作懒散，总是把应该自己去做的事顺势交给手下去做。这可苦坏了马可，因为他不得不同时承担起近乎两倍的工作压力，而薪水却并没有丝毫提高。但是，马可并没有对上司的苛刻有丝毫不满，因为他珍惜这个工作的机会，除了把上司交代的事情做好之外，他别无选择。“就当是免费地锻炼自己吧，当我干速记员的时候已经在行使一个经理的职能了。”每当累得喘不过气的时候，马可就这样在心里安慰自己。

有一天，王揽又接到了一个任务：为他们的老板整理一个简明的电报密码本。这只是一件再普通不过的事情，他转手就把这件事交给了马可去办理。几天后，老板拿到了这个电码本。它是用打字机打印出来的，用胶装订好，还特意加了一个结实漂亮的封皮。“这大概不是你做的吧？”

老板拿着这个本子翻来覆去地看，爱不释手。“不是。”王揽难为情地回答。“那么，这是谁做的呢？”“是我的速记员。”“你叫他到我这里来。”5分钟后，马可同样莫名其妙地坐在了老板的面前。“年轻人，你怎么会想到把电码本做成这个样子呢？”老板亲切地问道。“我想这样不但好看，而且用起来会更方便些。”

“你什么时候做的呢？”“我是晚上在家里做的。”“是吗，非常感谢你，我太喜欢它了。”几天后，马可便拥有了一张更大的办公桌。后来，他就代替了王揽的位置。再后来，他成了这家公司的经理。

在职场中，我们独享荣耀，就会独吞苦果，学会与他人共享利益，皆大欢喜才是正确的做人之道；而给你的主管留一点空间，可以给他一定的安全感，你也会因此得到上司的青睐。收起咄咄逼人，唯恐吃半点亏的性格，让自己的胸怀更宽广，我们会得到更多。

20岁以后的人，对于争和忍，应该有更成熟的见解。能吃亏的人，会得到更多。总占小便宜会吃大亏，不能忍让，同样会让我们吃大亏。在工作和处世中，有吃亏的精神，会让我们得到更多的回报，就是经验的增长和人际关系的拓展。而这些都是我们在20岁以后需要积累的。

总会做一些自己不喜欢的事

我们每个人都有一些喜欢做的事，也有一些事是我们不情愿做的。但是为了实现我们的目标，我们必须积极主动地做一些不情愿做的事。正如为了身体健康我们必须戒烟一样，在生活中，我们也必须做一些自己不愿意做，但对我们的身体、精神或者前途事业有益的事。主动地做一些自己不情愿做的事，就是要求我们战胜自我，控制自己的理智。酒色财气谁不喜欢，克制自己是最困难的。汉代枚乘有《七发》，劝人们要放弃沉沦的享乐、荒唐的心思、放纵的欲望，培养良好的生活方式和情趣。

谁不喜欢温润醇美、甘甜酥脆的食物和烈酒，谁不喜欢重重叠叠的轻软细柔、暖和厚实的衣服，谁不喜欢出入都乘坐轿车，谁不喜欢幽深的住宅、清凉的宫室，谁不喜欢前有越国的美女，后有齐国的佳人，往来游玩吃喝，在幽深的密室里纵情取乐。但是，放纵耳目的嗜欲，恣肆肢体的安逸，只会损伤我们的身体，消磨我们的意志。

吃苦是我们每个人都不喜欢的，但为了将来不吃苦，我们无论多么辛苦，都要学会接受，“吃得苦中苦，方为人上人”。我们不但要忍受被动的吃苦，还要积极主动地吃苦。有时为了大局，我们更要积极做一些不情愿做的事，做大的牺牲。

李某原本在办公室做一些策划工作，虽然不是金领，但是华服美食肯定缺不了，自身也颇得领导的信任依赖。不久，公司上层决定在西部进行市场开发，在每个部门都必须选几个人去，公司里没有一个人愿意去新的部门，因为大家在这里不但物质条件优越，而且站稳了脚跟，谁能保证一次西部开发活动不会把自己的终身陷落在那里？李某的想法也是如此，但是他并没有明确地表示出自己的意愿，而是观察事态的发展，后来看到几次领导的眼光都落在他身上，一副欲言又止的样子。他明白自己这次是躲不过了，但他并没有被动地等待领导的吩咐，而是向上级主动请缨，并表现出一副激情四射的样子。当然看在他主动请缨、热血沸腾的分儿上，他成了整个西部市场的总经理，七年之后，他又回到了公司总部，但他已不再是那个办公室的毛头小伙子，而是理所当然地成为公司上层管理人之一。

生而为人，谁无七情六欲？更何况二十几岁的年轻人，我们血气方刚，更喜欢凭一己好恶做事；我们好冲动，从不顾及后果，主动做自己不喜欢做的事谈何容易？但我们一定要学会在做事前首先考虑利弊，做自己应该做的事，而不是先考虑自己的喜好。不随心所欲，才是一种成熟。

在日本，坪内寿夫家喻户晓，是日本经济界举足轻重的人物。然而年轻的时候，坪内寿夫曾经非常喜欢抽烟喝酒。每天要喝一升酒，抽80支烟。有一天，他去银行办理贷款。银行的办理人员对他说："坪内先生，你抽烟这么厉害，我们很为你担忧呀。"听了此言，坪内十分吃惊："我自己抽烟跟你们有什么关系呀？""这当然有关系了，坪内先生。"对方指着桌上的一个烟缸，真诚地说道，"你看，只一小会儿的工夫，你就积存了满满一缸的烟灰，而且我注意到你每次来都是这样。长此下去，肯定会影响到你的健康，你可是我们的大客户呀！"坪内当然也曾从家人朋友那里听到过抽烟的坏处，但这一次他终于明白了：抽烟不仅对自己的健康有害，而且还会严重影响到自己的一系列商业行为。他当即决定戒烟，但对于他这样抽烟如此厉害的人来说，戒烟谈何容易？第二天，他一连抽了200支烟，抽得自己口干舌燥，嗓子冒烟，直想呕吐。从此以后，他真的再也没有碰过烟。后来，他又听从医生的建议，坚决把酒也戒了。后来，坪内寿夫拥有了日本最大的造船厂和钢铁厂，还拥有银行、饭店等许多产业。在日本，他甚至被人们公认为"神"。

坪内寿夫之所以能有那样的成就，与他对自己的狠劲是分不开的。冷静的头脑和坚强的自制力是我们取得成就不可缺少的后盾。"心魔难除"，要战胜自己不是容易的，关键时刻，我们要用理智克制自己的欲望，不为内外的诱惑所动。积极地做自己不愿意做的事，就是对自己克制力的锻炼，只有做到了随心所欲不逾矩，才会对我们未来的事业更有益。

既然无论怎样都要喝酒，与其喝罚酒，为什么不喝敬酒呢？既然无论如何都要做一件事，与其消极地承受，不如积极主动地去做，这样主动权就在我们自己手里，了解自己能够承受的限度，是我们磨炼自己的前提。

我们谁都不喜欢加班，但为了升职、加薪，我们要强迫自己主动加班；谁都不喜欢退缩忍让，但为了我们未来有更大的发展，我们要学会退缩示弱；谁都不喜欢别人分享甚至霸占自己的劳动成果，但为了生存，我们要忍让。主动做自己的不喜欢做的事，就是在培养战胜自我的能力。内圣，才能外王。要想战胜别人，首先就要战胜自己。

一个思想成熟的人，首先是一个能够自制的人，一个能用理智去驾驭自己的人。20岁以后，我们要试着驾驭自己，主动做一些不情愿做的事，学会不随心所欲，是一个人成熟的标志。

为了健康，我们必须锻炼，尽管我们更愿意在温暖的被窝里多待一会儿；为了事业，我们要学会舍弃一些娱乐，尽管我们不舍得；为了进步，我们要做自己原本不敢于做的事；在世情面前，为了不碰得头破血流，我们要学会低头，学会圆滑。

只做自己喜欢做的事，这样的人是非常狭隘，非常幼稚的，不可能有大的作为。20岁以后，我们要更清楚自己的缺陷在哪里，积极做一些自己不喜欢做的事，弥补自己的缺陷，锻炼自己的意志，战胜自己，方能攻无不克，战无不胜。

敢于分享，你才会更快乐

大家彼此交往的目的就是要共同分享某些信息，因此，要做一个善于同别人分享的人。许多年轻人不懂得分享的好处，喜欢一个人享受成功的喜悦、劳动的果实，其实这从很大程度上来说，是我们这一代人的缺陷，因为我们大多数都是独生子女，从小就不懂得和别人分享。但我们已经长大了，我们要善于同别人分享我们所拥有的，才可能得到大家的认可，使大家更愿意和我们交往。

有位母亲曾经告诉自己的孩子，他们小时候有七个兄弟姐妹，嘴甜的就会得到父母更多的疼爱，但有东西分给大家吃，不会独吞的，大家才会愿意跟他玩，奉他为老大。所以他们几乎一生下来就在用心地经营人际关系，跟父母，跟兄妹之间。不像我们，直到碰得头破血流才懂得人际关系的重要性。亲父母之间尚且有偏爱，亲兄妹之间尚且有亲疏，何况是没有任何血缘关系的人之间呢？能够赢得人脉的人都是有共同点的，最重要的一点就是与人分享。真心待人的人能够赢得友情，善于分享的人，更容易赢得那些利益关系的人脉。

无论与人合作，还是为人工作，甚至是别人为你工作，善于同别人分享劳动果实，才能得到更多的支持与信任，得到别人的尊重，才能积累更多人脉。“同利”的朋友只有在互利、有用的时候才能相处得很好，这种友情是建立在利害关系上的，只有善于与人分享其中的利益，不伤害彼此的利益，这种关系才能够牢固。你才能赢得更多的这种“同利”关系。如果你只想到自己的利益，不太愿意和别人分享，一旦伤害了别人的利益，就会伤害你们之间的关系，也会让那些想要与你建立“互利”关系的人止步，这对经营人脉是极其不利的。

很多高瞻远瞩的企业家并不把企业当成自己家族的财产，而是以企业能够获得最好发展，能够为社会做出贡献为原则，并不把财富和事业留给自己的家族，而是和所有有能力的员工一起分享自己的企业。

微软的CEO史蒂夫是一个善于和员工分享激情的人，他总是在每次的会议上用不同的方式喊出“I love this company”，他希望所有员工和他一起分享对产品和服务的热情，让所有员工分享他对微软的激情。虽然大家没有分享到实质的东西，但大家都分享到了他对工作的激情，这对大家起到了激励作用，大家都很喜欢这个激情的CEO。所以，分享不一定是物质性的分配，还有可能是你奋进的态度、你对工作的激情、你与众不同的感染力。

善于与别人分享，意味着你将拥有更多的机遇与别人交往，与有资本的人分享你的创意，你就多了一个合作伙伴；与同事分享你的成功，你就多了一个朋友；与老板分享你的策略，你就多了一份机遇，就可能多了一个欣赏你的“伯乐”；与员工分享你的成果？你就获得了“人气”，就有更多的人才愿意为你服务。所以，善于与人分享，是拓展人脉的关键。

想要分享别人的社交圈子，就要向别人敞开你的社交圈子；想要别人向你提供信息，你就要提供给他们需要的信息。这就是资源共享，只有这样，才能实现双赢、多赢。善于与别人分享也是感恩的一种表现。如果别人给了你帮助，你不但在口头上表示感谢，而且在他需要帮助的时候，与他共同分享信息、资源，也就等于帮助了他、回报了他，就能够赢得他的好感，增加你们关系的深厚度，想必他下一次更愿意帮助你。

有时候，人们交往的过程就是互相分享彼此拥有的东西的过程。东晋时期，有一个和尚希望得到大书法家王羲之的字，他知道王羲之喜欢鹅，就养了一群鹅，在王羲之平时散步的小河边放牧，等到王羲之向他求鹅时，他才向王羲之提出要字的要求，王羲之欣喜地答应了。他们分享了彼此拥有的东西，都很满意，从此两人结成了朋友。

和别人分享一份快乐，快乐就变成了两份；和别人分享一份忧伤，忧伤就只剩下一半。二十几岁的年轻人一定要善于同别人分享你所拥有的，善于彼此相互帮助和分享成果，才能交到更多朋友，赢得更多人脉。

对待利益需要长远的眼光

多数人因为看重眼前的蝇头小利而失去了信用，失去了人际关系的融洽，这对自己未来的发展是极其不利的。人们往往喜欢实在、重义气的人，往往喜欢和有信誉的人做生意。重利益并没有错，有错的是你因为自己的利益侵犯了别人的利益，有错的是你计较的这点小利，正是他人维持生存的唯一希望，这时候重视小利，就会在你成功的路上布满荆棘。

20岁以后，我们要正确地对待利益在我们生活中扮演的角色，也要正视对于利益的竞争，做到公平竞争，利益共享，才能够达成双赢。很多人都认为要达成双赢是不可能的事，认为共同的利益面前只有竞争，没有双赢，这样的观念是错误的。我们要做的是把一张饼烙大，而不是分得一张饼中较大的一部分。

很多人在合作的时候，只考虑眼前的利益，而不考虑长远的合作，这样就容易为了小利而失去了长久的利益。我们必须把自己的利益缩小，这样，我们才可能赢得更多的合作者，变成一头对多头。有了选择的余地，我们就会有更多的赢利点，建立长期的利益互补关系，我们才能够在合作中成为胜利者。比如，作为供求双方，我们可以向对方让一点利，但要求对方在下一次合作项目中优先考虑我们，或者以此为条件要求对方在我方购买他们需要的东西；或者以让利为条件，要求对方介绍他的第三方客户给我们认识，和第三方达成供求关系等。这种与直接利益没有关系，也不存在冲突的方式，往往不会招致对方的反感，同时也能够实现双赢，给我们带来更大的利益。

图德拉是委内瑞拉的一位工程师，他从来没有做过石油生意，但他从朋友处获悉阿根廷需要价值2000万美元的石油，同时，阿根廷牛肉过剩。西班牙需要进口一批牛肉，但他们的造船业很盛，正为订单发愁。然后，他又在中东地区找到一家炼油厂，对方可以提供2000万美元的石油，条件是租用他的油轮。就这样，他把阿根廷过剩的牛肉，卖到了西班牙，又把西班牙过剩的油轮租给了中东地区，同时，把中东地区过剩的石油，卖给了需要石油的阿根廷。就这样，他没有花费很大的力气，只是把货物卖给了需要的地方，就实现了三方的共赢，同时，他也取得了一大笔中间费用。事实上，这才是买卖的真正作用。

我们做生意的原则，就应该是实现共赢，而不是执着于自己单方的一点小利。我们应该得到的利益，的确应该争取，但也要视情况而定，有时，我们过分执着于利益，就会为未来的发展带来障碍。比如，在一个企业的发展初期，经常会有一段困难时期，如果我们与之合作时执着于利益，就会给企业的发展带来不利，这样在企业发展壮大以后，它通常会因为你的不义之举而不再和你合作。如果你肯在这个阶段让一点利给对方，或者允许它的赊欠行为，让它渡过危难期，它想必也会对你的行为心存感激。当它渡过了危难期，也许会为了感激你而决定和你长期合作，尽管你的产品要比别人的昂贵一些。这样，你们双方都会从合作中获益。重要的是，你获得的长期利益，远比你获得的暂时利益多得多。

当然，这只是显性收益，还有长期的隐性收益，比如讲信誉、重仁义的好名声，比如通过这个企业你可以认识到的其他客户、你所代表的品牌形象等，这些无形收益更是一笔无法计算的财富。而且，争夺小利会损害人际关系，让周围的人对你有意见、有看法。人际关系受到损害势必会影响你在重大利益上的得失。这样一进一出，最后就不划算了。

比如一位同事，他为人非常精细，精细到了一丝一毫都不肯吃亏的程度。大家都熟悉他的性子。有一次春节假期结束开始上班时，避免不了要大扫除，包括帮女同事搬搬桌椅、电脑等东西，结果单位所有男女都到了，就这位仁兄居然第二天才上班。虽然大家都没说什么，但大家都认为是他有意不来的。就是这样一个事事都讲究省力、不肯吃亏的人，每年的升迁都没他什么事，追求女朋友也屡屡受挫，提及原因，大家都说："一点亏都不肯吃的人，能指望他成什么大气候。"还有一些小利是我们争不得的，就是和那些把这些小利看作命根子的人。我们就没有必要和他们争，不妨把小利让给那些为了这些小利奋斗了很久的人，因为你眼中的一点小利有可能是人家长久以来的奋斗目标，这时我们不妨"让一步海阔天空"。

20岁以后，我们一定要清楚，过于执着于小利，就会影响你对大利益的追求。所以，我们要放弃一些自己并不迫切需要的小利益，才能够得到更多的人脉和信誉资源，这样，才能够为我们的将来打通更多的关节，铺好我们的成功之路。

做人偶尔需要装装糊涂

在职场中做事，我们必须该糊涂的时候糊涂，该聪明的时候聪明。而不是总是把眼睛睁得大大的，盯着那些所谓的小利，或者随时不忘表现自己，出尽风头，最后成为众矢之的。那些凡事精明，遇事不肯吃亏的人到头来却会吃最大的亏，处处受压制，成为人们打击、嫉妒的对象。

而那些平时看起来总是在吃亏上当，而到关键时刻却挺身而出的人，却会屹立不倒，占尽上风。所以，在职场中做事，我们有时候需要睁一只眼闭一只眼，让别人去争强好胜；有时候却要紧盯住一件事，一丝一毫地争取，这样我们才能够在职场上更顺利。尤其当我们还是一个20岁出头的年轻人时，我们在职场上做事更要学会藏锋，学会隐忍，不要一味争强好胜，更不能对凡事都一副看不惯，眼睛里不揉沙子的态度，当然也不能一味装傻。那么，到底什么事我们该糊涂，什么时候该糊涂呢？

第一，面对小的利益时，不能够斤斤计较，该让时就要让，即使明知道别人抢了你的功劳，也要装出一副不知晓、无所谓的糊涂相。比如，同事或上司抄袭了你的一个小方案，赢得了上级的赞赏，如果你跳出来反驳他们，或者不忿地到处宣扬，不但会让对方尴尬，对你自己也没有任何好处，奖赏已经领了，难道你让上司把奖赏收回，然后颁发给你吗？不如装一装糊涂，让他们蒙混过去，当然这对你也是有好处的，出于亏欠的心理，或者不希望你把事情张扬出去，他们也会给你争取一些好处，或者拉近与你的关系。总之，我们要学会在不违背原则的情况下，做出一定的妥协。

第二，不做无谓的争论。在面对自以为是的聪明人时，我们不妨装一装糊涂。职场上的所谓“聪明人”，他们不但装聪明，暴露自己的聪明，还喜欢指点江山，什么事情都要拿来指导一番。遇到这样的“聪明人”，如果我们表现得很精明，据理力争或者提醒他们，不但得不到对方的认同，还会遭到很多职场老手的围攻。所以，让他们自我满足去吧，他们会招来嫉妒，成为众人的公敌，这样就会加快他们被淘汰的过程，对于这种“自找死路”的人，冷眼旁观就足够了，完全没必要提醒他们，他们不会领情，反而会认为你和他们争“荣耀”。

第三，面对不公平的事时，我们没有必要跳出来指责上级。职场上没有所谓的公平，有人一整天都在玩，也会领同样多的工资，而你一天到晚忙忙碌碌，也只能挣这些钱，心理不平衡吗？但却没有必要去计较，更不能跟那些“特殊人物”去比照。这时不妨糊涂一点，只要做好自己的事，领自己的一份薪水，比较是完全没有意义的，愤愤不平也是没必要的，职场不会因为你的不忿就会有所改变，受伤害的只有你自己而已。

第四，在无关宏旨的小节上我们不妨装糊涂。比如有人向上司谄媚，有人走后门进入公司，或者你的下属、上司或同事犯了一个并不严重的错误，在这样的小事情上，我们不妨难得糊涂。

除了适时、适事地糊涂以外，我们又在什么事该聪明，什么时候该精明呢？

首先，在关于公司利益或前途上的事，我们必须要精明，寸步不让。比如上司一个错误的决策，会让公司蒙受巨大的损失；再如上司搞错了一个数据，会让公司惹上官司；我们在这个时候就必须要睁大眼睛，向上司提出建议，否则，受损失的会是整个部门的人。

其次，对于我们的工作，我们必须认认真真、仔仔细细地完成，来不得半点马虎，这也是一种精明。在涉及原则的问题上，寸土不让，绝不妥协。

最后，当真正有巨大利益的事情出现时，我们必须据理力争，并做得滴水不漏。我们在面对具有巨大利益的事时，要努力争取，做事的时候要不冒进、不贪功，首先考虑安全。在做事时第一任务是藏好自己的缺陷，不让缺点暴露，即使事情做不好，也不会坏在自己的手中。不暴露自己的缺点，就是精明。

当然，在做事的时候，我们还要谨慎，努力把事情做完美，做漂亮，获得大的成功。在职场中做事，糊涂和聪明并不是我们表面上所看到的那样。据理力争、丝毫不让、喜欢出风头、不懂装懂并不是聪明；不计较小利小惠，睁一只眼闭一只眼也不一定就是糊涂。我们要学着“大智若愚，大巧若拙”，让自己笨一点，糊涂一点，这样我们才能远离危险。

凡事不肯吃亏，做事总是滴水不漏的人，可能会让人有更多的提防之心；而适时地糊涂一把则让人们心情放松，让自己做事也能够有的放矢，在重要的事情上花费更多的心思，更精明能干。

对于无关紧要的事情，我们可以糊涂一些。当一件事情具有巨大的利益，或者会带来重大的影响时，我们就要精明了。我们在无利可图的时候最好蛰伏，而当有利可图时，我们要迅速谋篇布局，先让自己占据优势。20岁以后，我们要学会职场做事的规则：小事糊涂，大事精明。这样的做事方法才是真正的聪明人应该做的。

拓展眼界，别局限自身

如今，很多职场人士都在全世界范围内飞来飞去，我们如果只是一只井底之蛙，升职就会变得艰难，要想获得老板的青睐，就要有更多的筹码。其中眼光、见识就是最重要的一项。20岁以后，我们基本上都对专业知识有一定的熟悉程度，这就需要我们观察我们所在行业的前途和利益点。我们要学着观察时势，学会关心公司的处境、公司的未来和前途，这样我们才能够注意更广阔的世界，而不是把自己圈在办公室的小圈子中。

深刻的观察力和判断力、敏锐的感知力，不仅能够让你在行业中成为领军人物，更可以获得老板的器重和信任，让你直接晋升到决策层。

员工王晓是金融系毕业的大学生，受雇于一家私企，2005年的时候，他觉得黄金期货的市场非常看好，肯定会增值，不久，他向老板提出了这一想法，被老板采纳了。一年多之后，金融界爆发了大规模的金融危机，黄金价格大幅度上涨，让老板狠狠地大赚了一笔。从此，王晓更受老板的器重了，不久直接当上了老板的助理，专门研究金融投资方面的内容，掌握了大权。

如果王晓不是眼光独到，以公司利益为重，他就不能够得到提升，所以，必要的时候，我们要用自己所学的专业，去分析公司所处的位置，或者判断公司应该向哪方面转型，或者在公司的决策方面思考一下，用老板的眼光看问题，会让我们思想更深刻，眼光更长远。善于从老板的角度去考虑问题，常常观察时势，常常问自己："我是老板该怎么办？"这不仅会使你了解老板的处境，学会如何处理问题，更会令你成为老板眼中的"知心人"。

东汉末年，诸葛亮正是因为对天下大势有着非凡的见识，才有了著名的《隆中对》，有了刘备向西南进发占据在天下一席之地的蜀国，所以说诸葛亮27岁官拜丞相并不是偶然的，也不完全是他谋划的作用，而是他宽广的眼界、独到的眼光、对局势正确而深刻的认识分析，才让他在历史上有了一席之地。

当然这是对于外部环境来说，我们应该明白清楚，有精准的眼光。对于公司内部，我们也要有清醒的认识，做到知人物、明时务。再以诸葛亮为例，他知晓蜀国每位将军的性情，所以在不同的事件中，会用不同的人。作战布局更是有条不紊，比如，他明明知道关羽重"义"，却让他看押曹操，为的就是不打破三国相互制衡的局面。我们在公司也要如此，清楚地了解每一位领导、每一位同事的优点和弱势，这样我们才能够在公司中纵横捭阖，才能在竞争中知己知彼，百战百胜。

如果想要进入公司的决策层，我们更要如此，能够冷静客观地评论每一个人，把每一个人都能够安排在合适的位置，为公司做最大的贡献，这才是一个将才必须具备的素质。无论是对外还是对内，精准独到的眼光会让我们受益良多，但是这样的眼光、见识是怎样炼成的呢？这就需要我们有敏锐的观察力和判断力；更要有不断思考的习惯。俗话说"书生不出门，便知天下事"，我们要掌握大量的行业信息，并不需要总是东奔西走，但我们一定要眼界开阔，知道行业内出了什么样的事，有了什么样的改变，这样我们才能根据所知来进行判断。我们看问题要从更深更广的角度来思考、来看待，而不是做一只井底之蛙，认为天就是这样大，我们要高屋建瓴地看问题、思考问题，从更长远的角度来对待行业中发生的变化，从最细微处着手处理和顺应时势。

用我们的思想来创新，来做出明智的应对之策。我们感知了某些变化，判断出这种局势对于我们有利还是不利，下一步就是想出应对之策。最好的应对之策就是创新，利用创造突破僵局。其次就是顺应局势，把损失降到最低。

只有宽广的眼界才能让我们的判断更趋近正确，才能让我们做大事。所以，我们要不失时机从最小的地方开始锻炼自己把握时局的能力。20岁以后，我们的眼光一定要长远，思想一定要深刻，眼界一定要开阔，这样我们才能够得到掌权者的器重和倚重，才能够晋升到决策层。

第 05 章

打通人脉——有意识地扩大你的交际圈

综观古今中外，所谓的成功者大都有强大的人脉圈子。对于20岁的年轻人而言，缺少的恰恰是合宜的为人处世。不管是选择创业还是受雇于人，人脉无疑是一个重要的资源。20岁的你要深谙交际，30岁才能拥有强大的人脉圈。

多个朋友多条路

20岁以前，我们的朋友几乎都是和自己一样的学生，成人以后，我们要结交不同的朋友，以扩展人脉，发展自己的事业。朋友是社会关系的重新组合。人一生下来便由父母带着进入一个社会关系圈，交朋友是在努力打破原有的关系圈而组建新的关系圈。建立良好的社交圈子，应尽可能结交优于自己的人。事实证明，人们往往会被伙伴同化，不管这样做是使自己的层次提高了，或是降低了，都摆脱不了这种影响，也就是我们所说的“近朱者赤，近墨者黑”，所以，交优秀的朋友可以使我们变得更优秀。但我们也不可能离开那些不如自己的好朋友，最好的方式就是，交往不同的朋友，和不同的朋友保持不同的远近亲疏关系，培养有用的人脉，回避无价值的人际关系。

那么，在工作中我们会遇到怎样的朋友，又要以怎样的态度去对待他们，才是正确的态度呢？

首先，我们要为自己的朋友分等级，那是为了保护我们免受伤害。对于知心人，忘年之交，可以小心翼翼交往的朋友，必须保持距离的伙伴，只有数面之交的人，对你有企图的异性朋友，只见过一面但神交已久的人，酒肉朋友，这些界限我们都要划分清楚，聊天的时候，哪些话可以对谁说，不能够对谁说，我们要小心分清楚。绝对不能够因为在应酬时喝多了酒，而对酒肉朋友讲你的隐私，也没有必要把自己工作上的烦恼讲给无关紧要的人听。

我们更要注重的是以下几类朋友：第一类，会“修理”你的朋友，这种朋友是你人生的导师。虽然他们有时候会不留情面地批评我们，让我们不太高兴。但他们通常也会看到我们的缺点，给我们的人生事业提很中肯的建议。就像是贤明的君主一定会有直言劝谏的臣子一样。你越宽容，豁达，就越会有直言的朋友。如果你妄自尊大，听不进不同意见，这类朋友就会渐渐地远离你。我们要尽量做到“闻过则喜”，这样的朋友才会聚集到我们身边。

第二类，事业上的“贵人”。每个成功的人，都离不开来自上层的信任和支持。争取多位领导的共同赏识、信赖和提拔，你才能迅速成功，千里马还需要伯乐的赏识。“贵人”可能是指某位居高位的人，也可能是指令你心仪，急欲模仿的对象，无论在经验、专长、知识、技能等各方面都比你略胜一筹。因此，他们通常是你的上司、师傅，也可能是教练或者引荐人。我们要多结交这样的比我们优秀、卓越的朋友。

第三类，实力相当的对手。交朋友要有弹性，有时候敌人也可能成为朋友。让你的对手欣赏你、钦佩你是一件不容易的事。正大光明地和对手竞争，让对手自叹弗如的人大有人在。俗话说“同行是冤家”，但是有很多同行因为市场的激烈竞争而结成了“亲家”。我们平时做人也是这样，只要有了同样的目标，我们就会有合作的机会，如果因为一时的敌对而树立敌手，那么，我们就很可能因为心中的敌意，使日后的合作不顺利，处处碍手碍脚。

所以，如果没有大的原则分歧，只是利益的不同导致的对立，我们就没有必要把关系闹得太僵。

第四类，突然升高热度的朋友。对于这类朋友，我们一定要持小心谨慎的态度。如果我们升职了，会有很多人对我们突然热络起来；如果我们生活中没有大的变动，更要仔细思索他突然热情高涨的理由。突然升高友情热度的人，通常也是容易“人走茶凉”的人，对于这类人，我们可以反感，却不能拒绝。最好的做法就是不推不迎，冷眼以观，礼尚往来。

其次，我们要有一份朋友档案，以免“人”到用时方恨少。当然这是对于那些不太熟悉的朋友。对于那些在应酬场合认识的朋友，我们要根据他们的性格、职业、外貌特征等做一个具体分类的档案。在闲暇时间，我们不妨约他们出来，进行单独的沟通，加深我们在他们心中的印象。当我们遇到什么麻烦或者需要帮助时，就可以向他们要求小小的帮助，或者请教他们熟悉的行业的状况。

最后，对于新的朋友，我们也要用一定的技巧来看清他们的品格心性，决定他们在我们朋友档案中的等级。我们要从别人的议论中，了解一个人，把不同人对他的评价汇集起来，就可以了解这个人的大概；不要听他说什么，而要看他做什么；关键时刻，投其所好，他会不知不觉把假面具摘掉；用时间来看人，时间是朋友之间不自觉的检验师，所谓的“路遥知马力，日久见人心”就是这个意思。从一个幼稚的少年，变成通达的成年人，其中一个重要的标志就是我们交友的标准有了很大的改变。我们不再任性地只结交“志趣相投的朋友”，而是追求人脉的拓展。尝试结交不同的朋友，可以让我们更成熟，人脉更宽广。

处理好职场关系，轻松升职加薪

在职场上做事，如果我们人脉不够宽广和有效，对于我们的升职必然无益。人脉的和谐与否是一部分，人脉的宽广与否是另一部分，人脉的价值是又一部分。我们必须在这三方面都把握好，升职才更加容易，否则，就会出现你的功劳别人顶，你埋头苦干，别人上青云的现象。

二十多岁的年轻人，往往不太容易接受现实，总想着只要埋头苦干，认真工作做出成果，就会被提拔，只要能力出众，就不会被埋没。我们信奉“是金子总会发光的”，但是，我们也要把金子呈现在众人面前。能力出众的确不错，平庸的人会被提拔的概率相对要低一点，但是世界上能力出众的并不只有你一个，你的能力也并不一定超出众人多少，这时候人脉就比较重要了。

这时，如果你有一个推荐者，无论他的名望大小，地位高低（位高权重当然更好了），只要他的威信和影响力对于你的胜出是有帮助的，我们就可以借助他人的力量扶摇直上。这并不可耻，相反这昭示了别人对你的看重和信任，所以，这样的人脉和关系，要多多结交和利用。凭此我们就可以更快升职，更快做出成绩，更快为公司做出贡献。

当然，我们说人脉包括和谐度、宽广度和价值度，只有我们在这三方面都把握好，才会有用，不然我们就会发现，自己交了一堆朋友，付出了很大的心血和利益，到关键时刻，却没有一个能够帮到我们。人脉的和谐度，指的是你与周围同事、上司、下属的和谐程度，是充满争执矛盾，是貌合神离，还是心有灵犀，配合默契？

如果我们与周围大多数同事都是友好地互相配合，那么，我们的人际关系就是和谐的，如果你提升大家意见就会较少。在某些比较讲究民主的企业里，你甚至会比工作能力强的人更能胜出。而且越是高级的职位就会越用到这种方法，因为这代表着你受到同事们的接纳程度，在他们中间的影响力和威信度，是否受欢迎，是否被信任，是否被认同。所以，基于这种观点，我们有必要在工作中与同事培养较好的感情和默契，提高自己被信任的程度。只有人际关系和谐，我们才能胜出，才能在胜出后被下属信任和服从，否则，即使我们升职了，得不到下属们的服从和配合，也会引起工作的不顺利，严重时甚至会让我们丢掉到手的职位。

人脉的宽广度，即指我们与职场人士相识、交好的多少，如果我们除了本部门的人谁也不认识，和别人没有私交，即使全部门的人都支持你，如果有人对上司施加压力或者从外围瓦解你的人际关系，你觉得本部门的人还靠得住吗？

再者，上级也会以为你在搞小圈子，而不会把职位给你，否则你就会更嚣张，或者不能跟别的部门合作。所以，除了平时来往密切的同事外，我们还要多多结交其他部门的人，这样，我们才有机会升职，当升职以后，我们与其他部门合作也能够配合默契。而不是局限于小圈子当中，眼光浅，目标小。

最后是人脉的有效性，如果我们的人际关系网中，恰好有那么一位是能够为我们说上话的。无论他是不是我们的直接上司，还是他的地位如何，只要能够恰到好处地为我们的升职、去留说上一两句话，我们的升职就会容易很多。这样的人包括公司决策机构的成员，各个部门的领导，和本部门领导关系较好的人事部门的人，平时和上司私交甚好的同事等，只要能够为我们升职提供有效的帮助，我们就应该结交。这就是人脉的有效性或者价值度。

人们常说要回避无价值的人际关系，就是要让我们把精力集中在结交公司精英上。当然，建立好职场上的人脉关系也不是一朝一夕的事，我们首先要做的就是与领导及时沟通，让他明白你的想法和工作进程，事实证明，越多沟通我们就会越少误会、越多亲密，这样就能够让上司更加了解和信任你，如果你的能力不差，与周围同事的关系也很好，很和谐，不升你升谁呀？

所以，不用害怕面对竞争，只要我们有足够的能力，而人脉资源又广泛而有效，升职就会离我们越来越近，只是差一个机会而已。20岁以后，我们更要重视职场上的人际关系，让人人都成为自己升职的好帮手。

不要小看日常社交

20岁以后，我们会在了解他人、与人沟通交往的过程中变得更加成熟。在相互交往、了解的过程中，我们还会和一些人形成比较密切的朋友关系，这些关心又交织成人脉网络，为我们以后的事业搭桥、铺路，让我们在成功的路上走得更顺畅。

每个人在不同的人生阶段都会面对不同的社会环境，人际环境也开始从简单变得复杂。对于涉世之初的我们来说，有朋友的帮助，经历和境遇就会有所不同。有人相助的人生旅程是幸福和幸运的旅程，没人相助的人生旅程是孤独和悲哀的旅程，谁都想拥有一段值得回忆的人生经历，所以，我们会交往不同的朋友，带我们去看不一样的世界。

可以说，每一个人眼中的世界都是不一样的，交不同的朋友，可以拓展我们的视野，把我们的生命带到一个更广阔的境界。这是广泛交往的意义，当然有其现实功利的一面，比如，可以互相帮助；当然也有它积极的一面，比如，它可以带给我们更广阔的人生。

《穷爸爸，富爸爸》的作者罗伯特·清崎就是因为结识了同学的父亲，所以才了解到财务自由的重要性和怎样实现它。而他的父母则是教育家，所以，他的人生才会以财务教育为事业。幻想一下，如果他没有结识同学的父亲或者对财务问题根本没有兴趣，没有学到这方面的知识，那么他的视野可能就会小得多，他很可能成为和他的亲生父亲一样的穷教育家，有数不清的债务，而不是一个在财务上实现了自由，在教育上也很成功的人士。所以，我们交友的意义就在于此，不同的职业会把我们带向不同的世界，我们要学会相互交融，相互交流，才会让我们的世界更广阔、更丰富多彩。

我们在家庭中的交往，一般都是父母单向的情感输出，我们习惯了享受父母的爱和付出，很少想到相互的付出或者回报。而学校的教育虽不同于家庭成员之间的交往，我们同时也要付出我们的情感，但这些毕竟是很单纯的交往，我们彼此不带有敌意，不涉及利益关系，这样的交往是极简单的。我们只要付出对等的感情，并注意不要伤害到别人，就可以算是成功的交往，然而，社会交往要比这复杂得多。因为社会交往起码涉及利益、竞争，一个人在社会上最终会有一个怎样的地位，所以，这种彼此交流、沟通、交往之间的目的要复杂得多，手段会更繁多，我们开始很可能会目不暇接，最终，我们会在这样的交往中，变得冷静、从容、理智、成熟，最终我们会有一个牢固有效的人际关系网。

我们怎样才能够在交往中变得日渐成熟起来呢？这就要求我们必须彻底了解一个人，不但了解他的性情、职业、爱好，还要了解他所代表的个人或集团的利益。一个脾气再温顺的人，也不可能让你触动到他的根本利益或者触到他的死穴。我们在了解他性情的过程中，不妨仔细地了解一下他最不能让人触及的部分，比如家庭、子女，或者某次很尴尬的经历，这样当我们选择交往话题的时候，就会选择比较安全的或者对方乐意提及的话题。而不是一下子使对方特别尴尬，以致使我们的沟通陷入胶着状态。

不要以性格作为愿不愿意和一个人交往的前提，我们很多人可能都有这样的经历。看到一个人太开放了或者太粗心了，或者太内向了、太偏激了、太骄傲了，所以不太想和他交往，这样的事情是常常发生的。我们既要避免自己的性格里面有不让人欢迎的因素出现，让人和你谈话有如沐春风的感觉，又要愿意和性格有弱点的人交往。很多成功人士的性格中都有某种弱点，只要这些弱点不妨碍我们，不危害我们，我们就可以无视这些弱点和他们交往。

我们与他人交往的过程，首先是双方互相接受的过程，如果我们只是为了取悦别人而和他交朋友，这样的友谊不但被对方看不起，而且自己也得不到快乐和任何好处。我们必须要理智地处理彼此之间的关系，把对方当成朋友，和自己在平等位置上的人交往，而不是无止境地付出和讨好，不等待回报的友情。

每个人交往都有他的目的，不是情感上的，就是利益上的，如果我们在情感上让别人感觉到了被尊重和骄傲的感觉，我们就有必要得到同样的回报或者现实中的帮助，无论是短期的还是长久的。如果我们仅仅付出而不求回报，这样的友情就会变得很不可靠，当你需要帮助时，对方也不可能帮助你，因为如果朋友接受你的付出成为一种习惯，不回报你，也变成了一种习惯。

20岁以后，人在交往中要变得理智，无论是对于朋友的选择，还是对于交往方式的选择，我们都要理智面对，这样，我们才可能在交往中变得更成熟，为自己的人生铺好人际网络，这样我们才会在成功的路上得到众人的帮助而走得更顺畅。

让你的人脉圈变成人脉网

年轻人大都懂得人脉资源的重要性，在今天，我们对朋友的意义有了更广泛的理解，这并非对友谊的亵渎，而是对它最好的补充。当然，现在有很多年轻人对友谊很功利，很现实，但是，人走茶凉的交友态度是不可取的。我们可以回避无价值的人际关系，但没有必要因为他的权力、地位和财富回避一个人，无论从功利角度，还是从友情角度来看，这都是不明智的。我们要回避怎样的人际关系呢？又要加强什么样的人际关系？

我们要回避的人际关系，必然是给自己的精神和生活带来了不便和负累，使自己觉得压抑，疲惫，对于这样的朋友，我们一定要回避。比如不思进取、一味玩乐的朋友，比如悲观的朋友；比如爱抱怨的朋友。跟这样的朋友在一起，你会感觉很没意思，身心俱疲。这样的心态会感染你，让你变得灰心。我们一定要和那些成功的人在一起，感染他们的快乐、自信，积极分享他们在各自专业中的先进信息。他们会让你觉得这个世界是美好的、光明的，你的成功就在眼前。

关于人脉资源的重要性毋庸置疑，也没有必要进行一再论证，我们要做的就是编织好自己的人际网络，从什么地方入手吐出自己的第一根丝，怎样编织经纬而成网络。

首先，我们身边肯定有不少于五个的朋友、亲人或者同事，这就是你的第一根丝，是不需要你来编织的。我们要做的就是要得到他们的帮助，并且回报他们；或者先去帮助其他人，在这个过程中巩固你们之间的关系。然后，进入他们的圈子。利用朋友宴会、生日会、受到邀请的机会，认识他的其他朋友，进入他的社交圈子。如果他不是一个很封闭的人，不过分狭隘，相信他的朋友中就有值得你交往的。抓住机会认识他们，倾听他们谈话，并发表自己的意见，给对方留下好印象。和他做愉快的交谈，留下各自的联系方式，这样当你再与他见面、打电话联系或者请求帮助时才不至于显得唐突。间隔一段时间之后，主动和他联系，请他帮一个小忙，比如，他的专业能够帮到你的地方，但不要太困难或者太麻烦。这样你们的关系又得到了巩固，当然，最重要的是不间断地和他沟通有助于你们最终成为朋友。然后开始新一轮的网络编织，当然，这样的朋友一般是有局限性的，在私人的问题上，或者技术问题方面，他很可能帮助你，而在公事上，他可能并不愿意和你有交集，因为容易让人觉得你在利用他。一旦这样的感觉变得强烈，你也有可能会失去这个朋友。

其次，就是交一些利益朋友。比如，把客户变成朋友。这样的朋友往往乐意在公事上帮助你，因为他们对你也有同样的要求。积极地跟自己的客户沟通，并时不时借机送件小礼物，请吃顿饭等，这样的感情投资，对于我们是有很大的好处的。当然，这样的朋友也有局限性，比如,我们最好不要通过这样的朋友结交类似的朋友，也不要和他们发生实质性的利益关系。帮人情忙就已经不错，帮金钱忙是奢望。

最后，对待和自己有合作关系的人，我们也不妨结交为朋友。对于这样的朋友，我们一定要秉持一定的观点，比如“没有永远的朋友，也没有永远的敌人，只有永远的利益”或者“亲兄弟，明算账”，无论在怎样的状况下，先做小人后做君子，才可能和这样的朋友进行长久的交往和合作，而不会被友情所伤。当然，我们编织自己的人际网络之时，也被其他人编织着，这是我们一刻也不能忘记的。对待有利益关系的朋友，我们不必因此感到被利用，也不必感到羞愧。交往有利益关系的朋友，首先选择的标准是道德，一个道德败坏的人随时都会在攀着你爬上去以后，一脚把你踢下去。

私人感情上的朋友，即使伤害你，也不会伤筋动骨，甚至找不到要害，因为你的利益和他没关系，他并不明白你在经济上的软肋。所以，交朋友也要公私分明，公事上的朋友，最好不要涉及彼此的私事；感情上的朋友，最好也不要涉及金钱利益。否则，就会把所有的软肋暴露在同一个人跟前，这是很危险的。

20岁以后，我们要学会编织人际网络，同时也要学会避免人际网络中的缺点和陷阱。人脉宽广固然是好事，但它的有效性和稳固性也同样重要。只有不断积累人脉资源，才可能尽快获得成功。只有不被自己编织的人际关系网绊倒，才是一个明智的织网人。

人脉是通往成功的“门票”

人脉就是人际关系，是通往成功的“门票”，只有拥有良好、广泛，并且有用的“人脉”，你才可能更快地获得成功与财富。很难想象一个什么人都不认识的人能够在短时间内开展工作并取得好成绩。

有人说：“二十岁靠体力和专业赚钱，三十岁靠人脉赚钱，四十岁靠钱赚钱。”二十多岁的年轻人，正是刚刚踏入工作岗位，需要建立人际关系的时候。以前的十年，我们主要在学习专业；今后的十年，我们要利用专业赚钱，并积累人脉；再以后的十年我们要用人脉赚钱并积累资本。所以我们一定要在这段时间利用工作发展自己的人际关系。

人类是群居的社会动物，人的成功只能来源于他所处的人群及所在的社会。所以一个人如果想要另一个人认识你、了解你，进而信任你，与你合作，甚至与你成为朋友，就必须先认识他，然后慢慢培养感情和默契，最终成为愿意帮助你的朋友，成为你事业腾飞的“贵人”，而此人也许会把他的圈子里的其他人介绍给你，这就是有的人人际关系越来越广泛的秘诀。一个人只有拥有这样广泛良好的人际关系才会更快地得到你想要的专业知识、专业人才和创业资本。

哈佛大学为了解人际能力对一个人的成就所扮演的角色，就曾经针对贝尔实验室（Bell Lab.）顶尖研究员做调查。他们发现，被大家认同的杰出人才，专业能力往往不是重点，关键在于顶尖人才会采用不同的人际策略，这些人会花很多时间与那些在关键时刻可能提供帮助的人培养良好的关系，在面临问题或危机时便容易化险为夷。

哈佛学者分析，当一位表现平平的实践员遇到棘手的问题时，会努力去请教专家，之后却往往因苦等回音而白白浪费时间。顶尖人才则很少碰到这种问题，这是因为他们在平时还用不到的时候，就已经在逐步建立丰富的资源网，一旦有事请教立刻便能得到答案。这份研究报告指出，这个人脉资源网络深具弹性，每一次的沟通都为这个复杂的资源网多织一条线，渐渐地形成牢不可破的网络。这也就是我们所说的“人脉”的建立和加深。

只有拥有广泛、有用并且强大的人际关系，我们才会有更强的人脉竞争力，所谓人脉竞争力，也就是一个人在人际关系，人脉网络上的优势。这种优势能够让我们更快获得上司的青睐、同事的认同、客户的信赖，让我们更快获得需要的信息，甚至创业需要的资金。

某公司原有一对朋友杨和华。他们都希望在专业上有所成就，得到升职和加薪。杨不断努力做事，加强业务能力，并包揽办公室的一切杂务。华却对一切杂事不感兴趣，但他的业务能力很强，做事也认真专心，在公司与同事相处也很融洽。华常常思考怎样成为市场方面的专家，在闲暇时间就搜集情报，在公司内外建立了良好的人际关系。后来华如愿以偿调到期待已久的市场营销部，原来是他从前结识的一位客户提供情报给他，他才能在市场营销部有空缺时，及时调了进去。杨埋怨自己的命运不济，华知道自己胜在了自己的人脉竞争力上。

这就是人脉的作用，人脉资源可以让你比别人更快速地获取有用的信息，进而转换成升迁的机会或者财富；而在危急或关键时刻，也往往可以发挥转危为安或临门一脚的作用。所以，不要一提到“人脉”就会想到“搞关系，走后门”，这是对人际关系的错误理解。一个人只有建立良好的人际关系，才能赢得赏识，更好地利用你的专业；才能赢得机遇，更好地发展自己的事业；才能更快获得信息，让自己在事业上更快、更顺利地发展。要知道，千里马也要遇到赏识它的伯乐，才能够发挥出它的优势，一个人是不可能离开他人的赏识和支持而获得成功的。

二十多岁的年轻人正是在职场拼搏的时候，这时不妨借助工作之便，与同事、上司、客户搞好关系，建立更深厚的感情，发展更广泛的人际关系。也许哪一天，自己的人脉就会成为“财脉”。所以，我们每个人拥有多少能力，并不只是说这个人独自能够做些什么，还包括他能够通过别人做些什么。只要别人的能力能够为他所用，那就相当于是他的能力。

与此极为相似的一点是，当我们说某个人有多少钱，不只是说他拥有多少钱的所有权，还应该包括他拥有多少钱的使用权。就算他自己没有钱，只要他能够通过担保从银行借到很多钱，或者向朋友借到很多钱，我们就必须承认，他是一个有钱人。这就是为什么“人脉”能够决定和成就你的“富贵”。如果你有了足够的专业知识，通过良好的人际关系，你就能获得足够的资本和信息，你就有了成功的基本要素。“人脉”本身不是构成成功的基本要素，但它是你获得基本要素的重要桥梁。这就是为什么所有成功人士都把“人脉”看作是一种无形资产，因为它能够给你带来有形的资产，并让你做事事半功倍，有人说成功是“三分靠实力，七分靠人脉”，并不是故意夸大。

所以，我年轻的朋友，你还执拗、顽固地认为搞好人际关系就是在走后门，是一种不正直的行为吗？改变这种想法吧，只要你不违背原则，交友、工作、搞好与上司的关系就是一种正常的人际交往，是得到赏识的一种有效手段，只要习惯了和上司、同事、同学搞好人际关系，广泛而深厚的“人脉”就只是时间问题。

遇到伯乐之前，先把自己修炼成千里马

要想得到成功人士的青睐，开启自己的人脉之门，首先就要增加自己被利用的价值。人与人之间的交往，撇开感情不谈，就是彼此互相借用，你需要时我帮助你；我需要你时，你帮助我。只有增加自己被利用的价值，成为“千里马”，才能获得“伯乐”的青睐，才能获得更多的交往机会，开启“人脉”的大门。

二十岁出头的年轻人，只有努力学好自己的专业，学而有术、专而精才能让自己更有价值，更能获得成功人士的青睐。如果不学无术，只会做一个“应声虫”，你也就没有什么交往价值了。大家都希望与有价值的人交往，回避没有价值的人际关系。

如果你是一个有利用价值的人，成功的人会希望你为他工作。当你小有成就时，更成功的人会希望和你合作，当你功成名就时，会有默默无名的有价值的人为你工作。人们的关系有以下几种：一、为他打工，这时他需要你为他好好工作，如果你能力出众，他会希望培养你，栽培后进，储备接力人才。二、合作互利关系，人人都希望自己的合作伙伴是一个能力出众的人，能够实现双赢而不是一个扯后腿的人。互惠互利，而不是别人一直为你提供信息资本，你却对别人的工作事业没有任何帮助。三、别人为你工作，没有人愿意为一个无才无能的庸人工作，因为你不能为他提供更广阔的平台。

所以，无论你希望交到什么样的朋友，拥有怎样的人际关系，你都要有一定的真才实学，你才有被利用的价值，才能拓展人脉。如果诸葛亮只是一个庸庸碌碌之辈，刘备会三顾茅庐吗？如果刘备只是单枪匹马，而且毫无大志，即使他再器重，诸葛亮会为他所用吗？如果关羽、张飞毫无出众之处，堂堂的王叔会与他们结拜吗？如果刘备毫无可取之处，大家会毫无怨言地辅佐他吗？

只有一个人有利用价值，大家才会想利用它达到自己的目的。说到底，每个人都是自私的，都喜欢结交对自己有用的人，即使有那种无私的友谊，你不是也希望自己每次和他谈论得愉快吗？你不贪图这种交谈的快乐吗？难道你会与那种一见面就和你吵个不停，惹你厌烦的人交朋友？增加你多方面的利用价值，你就会拥有更多的交往价值，也就有了更多的交往机会。

如果你术业有专攻，就会有人为了能够在关键时刻更快得到专业问题的答案、专业信息来与你交往。如果你朋友多、路子广，就会有人为了加入你的社交圈，认识更多有能力帮助他们的人和你交往。如果你性格乐观、努力上进，就会有人为了感染你的乐观上进精神和你交往。总之，你有多少利用价值，就会有多少人为了各种原因来接近你。

韩信和萧何的故事大家都不陌生。当年萧何月下追韩信，就是看中了他的军事本领，所以把他推荐给了刘邦。当韩信还有利用价值的时候，尽管刘邦对他百般不顺眼，还是选择容忍了他。一旦天下平定，韩信就没有了军事上的利用价值，有的只是军事上的威胁，所以他很快被杀了。反观萧何，他不但能在战乱时为刘邦挑选人才，出谋划策，而且天下平定之后，还能够帮他治国平天下，治理国家。既能帮他“上马打天下”，又能帮他“下马坐江山”，他的利用价值是多方面的，所以成为汉朝不多的留下来的功臣。

大家看了这个故事，也就能明白为什么有些人一从位子上下来，马上“人走茶凉”，而有些人尽管已经不在其位了，仍然是门庭若市。如果你只有“官位”赋予你的权力，一旦你的权力没有了，你也就没有了利用价值。如果你不但拥有权力，而且拥有管理能力和广泛的人脉，即使一天权力不在手了，仍然会有其他价值，所以仍然会有人因为各种理由和你结交。所以，若想广交朋友，积累人脉，就要不断增加自己各方面的价值。

怎样增加自己的价值呢？这就需要你在各方面不断努力，不单单是搞好自己的专业，当然这是最重要的。还包括读书的习惯，读书能为你带来各方面的知识，尽管不是专业的，但如果大家谈到某个难题，你刚好能给他们提供一个小妙招，大家都在谈论一件事，如果你可以说一两句巧妙的画龙点睛的话，发表自己独特的观点，也能引起大家的共鸣。“腹有诗书气自华”，大家都喜欢和有教养、有学识的人交往。养成好的性格、拥有乐观奋进的精神，大家会被你的精神所感染，不知不觉地乐意和你交往。提升自己各方面的品位，如果你是一个有品位的人，大家就会愿意在穿衣打扮、室内布置，甚至购物等方面请教你。培养自己的语言能力，良好的表达能力能让你更有魅力，说话有分寸，做事有尺度，会让大家更欣赏你，更愿意和你一起出席交往场合。

如果你是一个二十出头的年轻人，做事能力还不错，又有情趣、有品位，并且知进退，懂分寸，还知识渊博，大家为什么会不喜欢和你交往呢？拥有更多，才能交换到更多，和他人交往，培养人脉的过程也就是交换的过程，只有你不断提升自身价值，让自己拥有更多的价值，你才能交换到更多的有用价值，也就是交到更多有价值的朋友，这是亘古不变的真理。年轻的朋友，如果你希望打开人脉的大门，就先好好修炼自己的内功吧。

如何拓展人脉圈子

人脉是多么重要大家都是知道的，可是有些人天生内向，不善于和人交往；有些人因为年轻，人际关系尚不广泛；有的人希望广结善缘，却不知从何下手。其实，只要在生活中用心，善于关心他人，就能够很快地和许多人成为朋友。

二十几岁的年轻人正是需要拓展人脉的时候，一定要掌握一些有用的小技巧才能够事半功倍，轻轻松松地与人交往，否则就会不知所措，欲速则不达，让人际关系陷入僵局。

第一，用心记牢每一个希望交往的人的名字。记住别人的名字，是对别人最基本的尊重。如果你经常张冠李戴，把别人的名字叫错，你就要好好反思自己了。尽量记住每一个你遇到的人的基本特征和他的名字，以备再见面时能一眼认出。如果你能一眼认出一个不久前刚刚认识的人，并准确地叫出他的名字，就会给人被重视的感觉，作为回报，对方同样也会重视你，记住你，把你当成他的朋友。这样你就完成了拓展人脉的第一步。

第二，建立一份朋友档案。在档案簿上记下那些有一面或几面之缘的人。那些在应酬场合认识，只交换名片，谈不上交情的“朋友”。这种“朋友”各种行业各个阶层都会有。你不可把这些名片丢掉，应该在名片中尽量记下这些人的特征，把名片带回家，并依姓氏或专长、行业分类保存下来。你不必刻意去结交他们，但可以借机在电话里向他们请教一两个专业问题，话里自然要提一下你们碰面的场合，以唤起他对你的印象。有过“请教”的历史，他对你的印象也会深刻些。这样，你的人脉也能够得到拓展。人不仅要拥有至交好友，还要有些浅交和利益朋友、合作伙伴，这样交到的朋友也许就有你将来的合作伙伴。

第三，注意倾听别人的讲话。上帝给了我们两只眼睛，两只耳朵，两只手，一张嘴，就是要我们多看，多听，多做，少说。所以我们一定要学会察言观色，学会倾听别人的讲话。这给人注意他们、重视他们的感觉，当人们谈到他们对某件事的做法和看法时，微笑着注意倾听就会给他们带来认同的感觉，他们就会认为找到了知音，这时如果不失时机地插一两句表示认同的话，就会让人很容易认同你，信任你，愿意和你交往。

第四，善于表达感谢。表达感谢也是人们加强交往的一种方式，如果不失时机地对帮助过你的人表达一下感激之情，你们的友情也会在这次感激中升华。没有谁的帮助是理所当然的，表达感激之情，也就是对人帮助你的价值的一种肯定。这是达到彼此交流的一种有效手段。二十几岁的年轻人要学会表达感激之情，更要知恩图报，帮助那些需要你帮助的人。心理学家认为，人际关系中存在“互酬互动效应”，即你如何对别人，别人也会以同样的方式予以回报。看似平常的一声“谢谢”，却能引起人际关系的良性互动，成为交际成功的促进剂。

第五，巧妙解除别人的尴尬，学会保全他人的面子。说话、做事给他人留一定的余地，给他人留面子，也就是给自己留有余地。如果你乐意给别人留足面子，别人也不会给你难堪，还会感激你。不揭人隐私，不触犯别人的敏感区域，不伤害别人的自尊，也就是“打人不打脸，骂人不揭短”，只要你给别人留了面子，即使是批评的话，说得委婉，尽量不伤人，对方也能接受，也愿意和你成为朋友。拓展人脉，要学会为他人解围，解除别人的尴尬处境，为别人保全颜面，他也会感激你，愿意和你进行更深层的交往。

第六，善于赞美他人。赞美能给人认同的感觉，作为回报，他也会赞同你。一个人的赞美可以给人鼓励和快乐，让对方觉得你是他的知己，他的人生价值得到了承认。所以他也愿意付出他所拥有的东西。恰当的赞扬可以拉近人们彼此的距离，让别人对你充满好感，充满信任。所以从现在开始，你就可以试着给别人一个恰当的赞美，比如赞美一下女同事今天的着装，对完成工作的同事说一声“你做得棒极了”，你会收到意想不到的交际效果。

第七，在细微之处下工夫。记得同事的生日，并适时送上一份他喜欢的礼物。记得他的兴趣爱好，在方便之余帮助他，这比请他吃饭、喝酒更能获得他的好感和感动。有一次运动会，适逢某运动员生日，结果就有细心的拉拉队员想起，高声齐呼着祝他生日快乐、旗开得胜，结果此运动员激动不已，跑出了比平时更好的成绩。在细微之处下工夫，更能彰显你对他人的重视和关心，如果连细微的东西都注意到了，对人有多关心就不言而喻。细节更能帮你拓展人际关系。

第八，与人交往不要太功利，要保持热情。培养人脉是一个长期的事情，二十几岁的年轻人不应当过于急功近利。有许多机遇是在交往中实现的，而在初步交往中，人们很可能没有看到这种机遇，在这个时候，不要因为没有看到交往的价值，就冷淡这种交往。在无数次新的相识之后，大多数人会随着时间的流逝而被淡忘，只有少数人会留在他们身边，能牢牢抓住他们做留下来的人，就是他们的朋友。所以，持续的热情交往，往往会得到人们的好感，在别人落魄之时还和他维持良好的人际关系，就会有更多的人信任你。

所以，一切交往的技巧，拓展人脉的窍门都要建立在真诚的基础上，要想拓展人脉没有更多的窍门，只有真心换真心。

第 06 章

找到贵人——千里马再好也需要伯乐

有一些人的成功总离不开在困难时期有贵人的帮助，对于年轻人而言，贵人是可遇不可求的。如果有人肯在你的人生道路上提携一程，那将事半功倍。所以，20岁的年轻人要找准贵人，30岁才能做对事。

找准伯乐，职场平步青云

20岁以后，人需要明白很多事情，跟对人比做对事重要。跟在优秀的人身边，不但做事轻松，而且更容易取得进步，变成一个优秀的人。有很多有才华的人，他们才华横溢，能力非凡，在学校他们是众多同学仰慕的“明星”，步入社会，他们也会因为个人独特的魅力吸引众多关注的目光，但是他们中的大多数人，最后在事业上并没有什么值得称道的建树，有的甚至流于平庸。而有的人并没有什么特质，也不像是能做大事的人，可最后却获得了巨大的成功。究其原因，除了自身因素以外，还有跟对人的因素。人与人之间是能够互相影响的，有时候马车前进的速度快慢，并不在于马车本身的质量，而在于拉车的马的力量。

一个公司就是马和车的组合，老板就是拉车的马，而员工通常就是车，如果你选对了马，你就会快速成长；否则，就算你的车制作得再精良，也会跑得很慢，甚至和马匹一起陷入泥淖。正如月亮本身是不会发光的，是因为太阳光的照射，它反射了太阳光，才会散发出柔和的清辉，夺目的光彩。

一个生来就如太阳般发光的人是很少的。我们中的大多数都是毫不起眼的月亮，因为有了太阳的照射，我们才显得如此美好。所以，跟对人至关重要！在职场上，这一点千万不能掉以轻心！总的来说，选对好老板有三大好处：一是容易脱颖而出，二是大大缩短成功的时间，三是能从老板的身上学到很多地方学不到的东西。

如果我们遇到了一个能力低下而嫉才妒能的上司，除了要小心翼翼隐藏自己的锋芒，凡事不能尽全力外，还要学会看人眼色行事。这种一边做事，一边想着做到什么程度才会让老板既不轻视你，也不会嫉妒你，随时考虑着给上司留一点空间和颜面的行事方法，会消耗你很多原本可以用到工作上的精力；如果在职场上遇到一个不负责任的老板，就好比半路遇到一只拦路虎，会让你职途坎坷多蹇。业绩好的时候，他会把所有的功劳都算在自己的头上；业绩差的时候，他会把所有的责任都推给你。他无法教给你太多东西，他很难得到提升，他得不到提升的同时，你的前途也将是一片茫然；如果你遇到一个像勾践一样只能共苦不能同甘的老板，当你的利用价值没有了，就会兔死狗烹，鸟尽弓藏，他成功的那一天，也就是你下岗的那一天，你只不过是别人成功的垫脚石，那你的事业也会遭遇很大的挫折。

那么，人要跟着怎样的老板打天下，才算是跟对人了呢？

首先，选一个有眼光而且目光远大的老板。目光远大的老板通常都有先见之明，对市场有敏锐的洞察力和高瞻远瞩的智慧。这样的老板注定会在最赚钱、最朝阳和最有优势的行业快速发展。跟着这样的老板，不但能够增进我们的见识，提高我们的做事能力，还会让我们随着公司一起成长，最终身价百倍。

其次，选择一个积极的上司。积极主动在现实生活中，甚至能改变你的成长轨迹，决定你的人生成败。和什么样的人在一起，就会有什么样的人生。和勤奋的人在一起，你不会懒惰；和积极的人在一起，你不会消沉；与智者同行，你会不同凡响；与高人为伍，你能登上巅峰。科学家研究认为“人是唯一能接受暗示的动物”。积极的暗示，会对人的情绪和生理状态产生良好的影响，激发人的内在潜能，发挥人的超常水平，使人进取，催人奋进。如果你有一个怨天尤人的上司，他的负面情绪就会影响到所有下属，使你的情绪也整日处在低潮中，缺乏向上的压力，丧失前进的动力而变得俗不可耐，渐渐地你就会变得消极、平庸，成为一个平凡的人。

最后，选一个赏识你的上司。人人都希望自己能有一个好上司，这是因为一个好上司，不仅会在工作中指导你，帮助你，督促你，为你的发展提供机会、环境和资讯；你也会受到其思想观念的启迪和潜移默化的影响。这将是你晋升的最快路线，从某种意义上来说这是一条捷径。

一个赏识你的好上司，就是一个好伯乐，如果你是一匹千里马，为了避免“怀才不遇”，你必须找到一个能够赏识你、培养你、提拔你的上司。当然，前提都是这个老板有好的品格，他吃西瓜，起码会分一块，哪怕一小块给员工。如果你选的老板，他吃肉连汤也吝于与你们分享，到他功成名就之时，恐怕你还是一个月薪一点点的小业务员，他位高权重后的第一件事就是巩固他的地位，削弱你们的权力，把你们这些位高权重的公司元老清除出管理队伍，你岂不是做了冤大头?

总之，20岁以后，人一定要慎重地选择上司，这和选择事业一样重要。一个高瞻远瞩的老板会把你的人生提高到一个新的高度；一个心胸宽广的老板，会让你的才华得到最充分的发挥；一个赏罚分明的老板，不会让你的辛苦白费。

广结善缘，火眼识贵人

二十多岁的年轻人往往年少轻狂，仗着自己才华出众、能力不凡，就以一种万事不求人的态度处世。不屑于结交一些功成名就的人，只愿意和自己的同学、同事交往。认为狭窄的“人脉”只不过是蜘蛛网，只困得住幼小的昆虫，不会困住自己这头老鹰。其实这种态度错得离谱，君不见多少英雄正是被这种“蜘蛛网”绊倒，不能翻身。

人脉能够成就你的“富贵”，没有人脉，即使你的专业能力再强，才高八斗，学富五车，没有遇到赏识你的“伯乐”，没有展示才华的机遇，你照样一名不文，要知道世界上到处都是才华横溢的穷人。

19世纪著名的印象派大师莫奈，曾参与“盖尔波瓦咖啡馆”艺术家聚会，却很少参与讨论，因此遭到巴黎官方沙龙的广泛抨击和排斥，甚至连他的不朽杰作《日出·印象》都遭到无情的谩骂。他曾经跟至交巴齐依提到，如果不是雷诺阿送来面包，他和妻子卡米耶就会饿死，当时整整一个星期，屋里没有生炉火，更谈不上照明，作画的颜料也用完了。才华横溢的大师因为没有人赏识，也只落得贫困潦倒的下场。这方面的例子不胜枚举，现代文学大师朱湘因贫困甚至自杀。梦想着“拥有一所房子，面朝大海，春暖花开”的海子也因为不被大众赏识而潦倒自杀。

所有的悲剧都是因为他们不被大众赏识，如果当时有一位德高望重的人肯为他们登高一呼，甚至说一句赏识的话，也许这些悲剧就不会发生。大众不是不会欣赏他们，而是不知道有他们的存在，海子死后，他的众多作品一度被抢购一空，这说明人们有欣赏的能力，但需要有大师们的推荐和媒体的宣传，人们才有可能认识他们，认同他们。如果他们拥有广泛的人际关系，或许悲剧就可以避免。

为什么世界上会有那么多才华横溢的穷人呢，只是因为他们的社交圈子不广泛吗？不！因为他们的社交圈子不够有用。每个人都有几个相熟甚至友情深厚的朋友，但那些朋友，不是和他们条件相仿，就是比他们还不如。他们所拥有的，正是朋友刚刚拥有甚至不具备的，他们所需要的信息和资本也正是朋友所需要的，所以他们谁也帮不到谁，这样的“人脉”就是无效人脉，至少目前是。

有一个朋友，他的能力超过了本职工作所需要的能力，他需要换一份更加有发展前景、薪水更高的工作，但是，连他同学的工作都是他帮助找的，他一直窝在自己觉得不上不下的单位里，做自己觉得大材小用的工作，既无法升职，也无法另找工作。这就是无效人脉的悲哀，当你需要一份面包时，所有与你相交的人只拥有土豆，也只能为你提供土豆。所以，每个人都要拥有几个比自己条件好、能力高、成功的朋友。也许他的成功会让你心里不那么舒服，但你不能否认，在你需要帮助时，他有能力帮助你，无论结果他是不是帮了你，只要他有能力，你就有希望。

世界上才华横溢的穷人不都是因为人脉不通达，而是他们太骄傲，不屑于求助那些比他们成功的人。所谓的“为才所误”有时候是“为傲气所误”。有时候，只要我们放下自己的傲气，以一颗平常心和那些成功的人交往，我们就能结识到更多更好的朋友，更能很好地发挥我们的才华。

光绪年间，孙中山自日本留学回来，想会见两广总督张之洞，于是让守门人递进一张便条上写着“学者孙中山求见张之洞兄”。其时，孙中山只是一介书生，结果引起了张之洞的不满。提笔回道“持三字帖，见一品官，白衣尚敢称兄弟”，孙中山看了，只是微微一笑，接着在便条上回道“读万卷书，行万里路，布衣亦可傲王侯”。张之洞看了连连有请，就这样，孙中山这个年轻书生得到了两广总督的赏识。

其实，有时候，不是我们没有能力结交到成功人士，而是我们没有自信，或者思想守旧，认为结交成功人士就是在结交权贵，属于溜须拍马，攀关系，走后门。其实大可不必，文怀沙只是一个高中生时，酷爱写诗，因此给当时著名的学者梁实秋写了一首诗寻求鼓励，结果梁先生回道“君诗如美人，未嫁已倾城”，给了他很大鼓励，于是文怀沙笔耕不辍，终成一代大师。也许没有梁实秋的鼓励，文怀沙就此辍笔，就只能成为一个一文不名的普通人。我们也许不需要成功人士具体的帮助，但我们需要他们的鼓励，需要学习他们不断进取的精神。我们是年轻人，不会被一些旧思想禁锢。所以，结交优秀人物不过是学习他们身上的优点，只要把和成功人士搞好关系看成提高自己能力的一种方法，我们就能泰然自若地和他们相处，结交。既不自惭形秽，也不狂妄自大。

国学大师钱钟书说：“二十岁不狂是没有志气，三十岁犹狂是没有理智。”我们要做既有凌云志气，又有足够理智的人。不要做“空有满腹才华，却无施展之地”的人。想要你的才华有施展的地方，被大家所认可，就必须广结善缘，让自己处于“伯乐”的目光之下，他才能为我们提供一个施展才华的平台。不做才华横溢的穷人，不做怀才不遇的人，让我们主动去结交那些可以带给我们机遇的人吧。

近朱者赤，近墨者黑

我们要拥有怎样的人脉，才能让成功离自己更近呢？每个年轻人都有几个生活上的朋友，一起玩乐的伙伴，怎样的人才能给我们带来发展，成为我们的“贵人”呢？首先要接触比自己优秀的人，其次要结交你想成为的人。如果你想成为一个成功的人，就要马上和那些浑浑噩噩度日的人分开，因为他们会影响你努力向上的观念，会不断地向你泼冷水，不断牵动你的负面情绪，打击你积极向上的热情，与他们相交会拖累你前进的步伐。

成功吸引成功，人才带动人才，我们要让自己和成功的人在一起，才能不断地从他们身上学习对成功有益的知识。当不思进取的朋友成为我们的一种负担，那种沉重是无可言喻的。只有摆脱他们负面思想、负面语言的影响，我们才能获得新生。不要总和消极、抱怨、不思进取的人在一起，因为人是互相影响的，如果你不想被他拖下去，你就只好离开他，寻找那些积极进取、工作热情、生活认真的人。

你希望自己成为什么样的人，就和什么样的人在一起。大家也许都看到过，两朵颜色不同的花，比如红色和白色，长期种在一起，到了三四年以后，就会变成一种粉色花，再没有红白之分，这是自然界花粉传播的作用。

其实，在人类社会也一样，人就是不同颜色的花，只不过花粉是思想和能力、观念和情绪。如果你长时间地被积极的思想影响，你就会变得积极。相反，你如果长期跟消极的人在一起，你也会变得意志消沉，毫无斗志。和成功人在一起不是羡慕他们的财富，攀附他们的势力，而是学习他们成功的智慧，以他们为前进的榜样，这就是中国的老话“见贤思齐”。同时，和成功者在一起，你还可能获得很多机会。和成功者在一起，你就会认识他的社交圈里的人，而他们无一例外都是成功的。很多时候，机遇就是在吃饭、聊天、打球时碰上的。

再者，和比自己优秀的人在一起能得到你还不知道，但希望得到的信息，这是和跟你同一阶层的人或不如你的人在一起所无法得到的。有时他们不经意间的一句话也许就能打开你的思路，拓展你的思想。和跟你同样的人在一起，尽管他教导你，你也因为觉得他并不比你高明，而不会把他的话放在心里，所以，你也不可能从他的话里得到启发。就像很多学生初听到老师说的某句话很不以为然，直到有一天他在某个大哲学家的著作里看到了那句话，才肃然起敬。每一位成功人士的话在像我们这样还在起跑线上的年轻人的眼里，都相当于哲理，是经验之谈。这是我们和自己同阶层的人相处所无法得到的。

当然，我们所说的“优秀的人物”，并非只指家世显赫、地位超绝的人，而且还包括有内涵、为世人所称道的人物。“卓越的人士”大体上可区分为以下两大类型：一种类型是指立身于社会主导地位的人们；另一种类型是指那些有着特殊才华的人们，对社会有着杰出的贡献，才能突出，或是学识渊博的学者，才华洋溢的艺术家等。此种杰出绝非凭一个人的喜好所界定，而需由社会的认同方可获得。他们站在时代的前沿，社会的顶峰，眼光一流，见识卓尔不群。他们不经意的一句提示就能胜过你一箩筐的思考，让你看到成功的途径。

很多面临高考的学生都希望迎来一场心理辅导，当心理学教授面对你侃侃而谈他当年的高考经验，大学经历时，很多学生都会燃起一股上进的激情，获得奋进的动力，这是常人甚至自己的老师无法企及的。在你的岗位上也一样，如果你发现跟同事或者上司交流收获很少时，不妨设法找到自己偶像的言辞来激励自己。

成功者总是与成功者交友，不幸的人吸引不幸的人，请二十几岁的年轻人牢记这一点：经常与优秀的人保持来往，回避没有价值的人际关系。如果你只是想成为一个平平凡凡的人，过平平淡淡的日子，你的朋友不妨是多方面的，既有至交好友，又有酒肉朋友。如果你想成为一个成功的人，切记一定要和卓越者为伍，摒弃那些消极、玩世不恭的朋友。

与优秀者成为朋友

如果我们在家庭教育中受到某些局限，那么我们可以在与人的交往中获得弥补，这是一种自我教育的方式。比如，我们的父母可能不善于与人交往，可能没有知识文化，可能没有赚取财富的理念，从家庭的教育中，受到了某些局限。想要弥补这种劣势，就应与精英交往，并且在与他们交往的过程中，向他们学习，养成良好的习惯，不断提升自己。

20岁以后，我们有选择朋友的权利，但是，我们也必须有选择朋友的眼光。交什么样的朋友既是智慧，也是人生，和什么样的人交往，你就会有什么样的人生。“人以群分，物以类聚”，一般来说，你的人格魅力和气质修养，对什么样的人群具有吸引力，就会交到什么样的朋友。然而，我们也要有意识地选择和交往在某些方面比自己优秀的朋友，因为他们会把更正确的观念，更乐观的精神，更成功的人生带给我们。

首先来说，“近朱者赤，近墨者黑”，和成功者在一起，我们能够感染他们乐观、积极、有追求的精神。当我们看到周围的人每天都干劲十足地向前冲的时候，我们会热情地冲上去；而如果我们周围的人都是一些懒懒散散、悲观、灰心、不断抱怨的人，我们也会感觉自己原有的干劲也没了，不自觉地就会懒散下来。就像一些活力十足的小孩，如果交给一些老年人带，他们很快就会变得慢吞吞，变成一个严肃、沮丧的小老头、小老太太，而如果给一些活力十足的大人们带，他们就会变得活泼、机灵、讨人喜欢。还有个性完全不一样的夫妇，如果生活在一起一段时间，他们就会向彼此的个性靠拢，甚至会出现“夫妻相”，这就是感染的力量。如果我们想变得成功，我们就要多和社会上的精英与成功人士在一起，这样无论是我们的精神、信念，还是我们的气质修养都会有所改变。

“师从上者，得其中也；师从中者，得其下也”，每一位好朋友都应该是一位好老师，把更好的东西教给你，使我们不但在人生的广度上得以扩展，更会在人生的深度上更加深邃。我们每看到一个优秀的人，都应该挖掘他的优秀品质，移植到自己的身上。俗话说“成功带动成功，人才带动人才”，我们就是要让自己和成功的人在一起，从成功人士的身上不断学习有益的知识来充实自己，使自己进一步提高。而和各个领域的精英在一起恰好就能给你提供一个向最优秀的人才学习的机会，如果我们能发挥“三人行，必有我师焉”的精神，不断地虚心向那些精英们学习，我们很快就会拥有更多的优势。

事实上，每一位成功的人，他们都有过和比自己优秀成功的人在一起，向他们学习的经历。比如，巴比伦最富有的富翁阿卡德曾经向欧格尼请教致富之道；罗伯特曾向他的富豪爸爸学习财务问题；孔子曾拜老子为师；现在很多年轻艺术家，都会拜大师级的人物为师，向他们学习。

学习的真正作用是储备知识，锻炼思维，进而增强能力，这只是指出了学习的一小部分作用。事实上，学习还能改变我们的感性认识，如果我们对一件事情的感性认识是错误的，我们可能要通过很长的学习时间才能够改正过来。而如果我们始终和那些各个领域的精英在一起，我们就会获得尽量多的正确的感性认识，就不需要专业的教育来纠正我们错误的认识了。所以，和优秀的人在一起，几乎和受教育同样重要。

二十几岁的人往往自视过高，不愿意模仿他人，不愿意和比自己优秀的人在一起，这是一种虚荣的表现，同时也有可能葬送你的人生。二十几岁时，往往心高气傲，不愿意帮助成功者，与成功者交往，更喜欢自己发明一套方法。事实上，每一位成功人士都有自己的成功模式，但是几乎所有的成功者都遵循同一个成功规律。所以，我们不必费力地自己摸索规律，只要向成功者学习规律，就可以少走很多弯路。所以，一个人要想成功，就要“不耻上问”。

如何与成功者交往

如何与成功者交往，这恐怕是二十几岁的人最迫切希望知道的。平时，我们也许能有各种机会遇到那些社会各方面的精英，与他们碰面、交谈。但怎样才能和他们相谈甚欢，建立更深厚的关系，甚至私人友谊，让他们成为自己的“贵人”呢？怎样博得他们的信任和赏识呢？

首先，一定要给他们留下良好的第一印象。留给陌生人的第一印象对双方关系起着不可替代的作用，人与人之间的第一次接触，就可以彼此在心里形成一个大致的评价，并直接影响以后的关系发展。因此，给人留下最好的第一印象是很重要的。大方得体的穿着打扮、真诚的微笑、自然而不做作的表情、成熟高雅的气质、幽默自信的谈吐……这些都可以为你的第一印象加分。如果你想引起成功者的注意，给他们留下深刻的印象，就要在这些方面多下功夫。把握好正式与休闲服装的尺度，一般是西装、衬衣，领带可以随场合的变化选择单色或条纹、圆点的图案，或者领结，一般越是庄重的场合越要朴素、简单。自信的谈吐是不可或缺的。不要把某些粗俗的笑话当作幽默，真正的幽默，是能够化解尴尬，而不是让人感觉尴尬。言之有物，谈吐自信真诚，偶尔适当的沉默也能给陌生人带来信任感。相反，面对陌生人滔滔不绝，反而给人浅薄无知、轻浮谄媚的感觉，是让成功人士所不齿的。

如果一个人想着利用你而和你聊天、结交，想必你也不会高兴。真诚的微笑能让你博得更多人的好感。据调查，笑时露出八颗牙齿是最美丽的，我们不妨对着镜子多多练习。东方人含蓄，讲究笑不露齿，嘴角眉梢的一丝笑意也能给我们的面部表情加分，让我们给陌生人留下更美好的第一印象。

其次，你要让这种印象更加深刻。对于那些在宴会或者其他应酬场合有过几面之缘，给过你名片的人，不妨在自己的档案簿上记下他们的名字，依姓氏、专长、行业保存下来，尽量记住他们的特征。你不必刻意去结交他们，可以借机在电话里向他们请教一两个专业问题，话里自然要提一下你们碰面的场合，以唤起对你的印象。有过“请教”的历史，他们对你的印象也会深刻些。不要刻意去逢迎对方，这会引起对方的反感。如果这引起了他们对你的印象或兴趣，他们自然会邀请你进行进一步交往。

最后，如果你想和一个人更深入地交往，还要下些细致的功夫。不论在工作中还是生活上，如果你想消除对方的戒备心，使对方对你产生亲近感，你就应该记住与他有关的一些细微事情，把它们当成你们相互交往的契机。只要你找对了点，他就会对你消除戒备心，并产生强烈的信任感。比如他的兴趣爱好、他的生日、他的家人，只要找准一个契机，就要和他谈下去。如果他给了你一些帮助，一定要真诚地感谢他，一份真诚的感谢胜过一千次交谈。工作、谈天、游戏、合作是了解一个人和与其交往的最佳途径。所以，我们如果希望和成功人士交往，就要关注这几个途径。

如果你正在为一位成功的老板工作，好好地为他工作，向他请教工作经验，模仿他的成功模式，就是在和他好好交往。好老板是乐于帮助一个积极向上、努力奋斗的好员工的，他会愿意为你提供一个展示才华的平台，这时的私交不是最重要的，但也不可缺少。适度的私交加上努力的工作，就会为你迎来好机遇。

如果你在宴会、酒会、健身房等场所遇到了自己仰慕的成功人士，不妨和他们谈论你的志趣，倾听他们在某方面的特长。抱着询问、请教的态度和他们交流，更能接近他们的业余生活，也更容易产生私交。根据他们的背景寻找一些共同语言，谈论一些共同话题，更容易让他们放下戒心接受你。这时，不要提到“需要帮助，希望提携”，这会让你在他们心目中的形象大打折扣。谁也不会喜欢一个为了利益处心积虑跟成功者产生私交的人。

如果你正在和一个成功人士合作，这是一个绝好的机会，只要你懂得谦让，双方互利共赢，你们就一定会成为很好的朋友和合作伙伴。把成功者看作你的朋友，真诚地和他交往，你就能获得和他交往的机会，没有人会拒绝真诚。珍惜友情，忠于朋友，不怕结交新朋友，才能获得他们的青睐。在无数次新的相识之后，大多数人会随着时间的流逝而被淡忘，只有少数人会留在他们身边，留下来的人，就是他们的朋友。不论有多少交往的窍门，唯一的真谛就是真诚、真心。

现在的年轻人往往浮躁，做事交友都不踏实，把八面玲珑、世故圆滑当作聪明智慧，这种态度是不可取的。尤其在结交成功人士方面，功利的态度往往会让人反感，结果适得其反，大家都知道某某只是为了一定的目的来接近自己，就会更加吝于帮助。要知道那些卓越人士都有一双“火眼金睛”，只有你真诚地对待他，他才会为你提供帮助，与你结交。用真诚去拓展“人脉”，用真心去与人交往，才会无往而不胜，二十多岁的年轻人尤其要明白这一点。

善于自曝，让更多人认识自己

如果你已经拥有了超凡的能力和不菲的自身价值，如何让别人认识到这一点，并承认你，认可你，主动与你交往呢？这就需要你不失时机地主动“曝光”自己，扩大自己的影响力。年轻人往往觉得自己主动“曝光”自己的能力与专业、目标与志气，有自我吹嘘、狂妄自大之嫌。的确，这种做法显得有点儿不够成熟，但是，二十岁不狂的人是没有志气的。如果你只有二十多岁，就不用有这个顾虑。如果你不提醒大家，大家怎么知道呢？机遇怎么能降临到你头上呢？

有人劝我们“做人要低调”，当然，在你功成名就之后，你不妨做人低调，谦虚谨慎。但在这之前，你却要高调做人，增加自己“曝光”的概率，这是让上司注意到你的一种方法。很多杰出人士都很善于“曝光”自己。

唐朝将领薛仁贵每次领兵打仗都要穿一身白色战袍，身背弓箭，手握长刀。白色的战袍更醒目，增加了他被杀掉的风险，但同时也增加了皇帝看到他勇猛表现的机会。结果，唐太宗果然注意到了他，并封他为将军，统领三军。他从此创造了自己生命的辉煌。

怎样不失时机而又巧妙地“曝光”自己呢？“曝光自己”也需要一定的技巧和尺度，需要你下一番功夫。滔滔不绝的高谈阔论经常引起人们的反感；无所顾忌地谈论自己的目标，会让人误以为浅薄狂妄；不断提及自己的交往人脉，会让人觉得你好吹嘘。

首先，要寻找适当的时机，灰姑娘正是利用了王子宴会的时机好好打扮自己，才获得了王子的青睐，如果她平时就特别注重打扮，以她的美貌和打扮非给自己带来杀身之祸不可。找准时机表现自己，才能让自己的影响力不断扩大，否则就会为自己树立不必要的敌人。不要在同事面前刻意表现自己，那会引起嫉妒，而嫉妒正是人类破坏力最大的情感武器。“曝光”自己的志向和成功欲，最好在遇到了可能的“贵人”时，才表现出来。“曝光”自己的能力，只有在大家都解决不了的事情上去试一试，才能让大家折服。如果大家都在抢一个机遇，这时你“曝光”自己想要去抢，就可能遭到同事的嫉恨，得不到大家的认同，更不用说扩大自己的影响力了。

其次，要以一种有分寸的、含蓄而不张扬的方式去曝光自己。与其说“我认识你们王总，他是某某的好朋友，我与他有点交情”。还不如说“你是不是某某公司王总的助理，上次我和我们经理去谈事情，他向我们提过你，说你人很上进，帮了他很多忙”。这样既称赞了他，又点明了认识某人的事实，他很可能因为你们俩的交情和上司对他的评价就愿意和你交朋友。而采取第一种说法，他首先就会怀疑你，即使后来验证了那是真的，也会瞧不起你，“不就是认识个官吗，有什么了不起？”从而不愿意和你交往。

最后，清楚自己的优势和劣势，曝光自己愿意被别人知道的一面，包括缺点。人人都有缺陷，有时曝光自己的缺点，更容易让人愿意接受你，和你交往。没有缺点的只有圣人和伪君子，大家都不是圣人，如果你不想让大家觉得你是伪君子，就要适度地曝光自己的缺点和不擅长的东西。这样大家才会有平衡感，愿意帮助你，和你交往。但要确定自己曝光的缺点不会置自己于死地，否则就会被对手利用。拥有无关大雅的小缺陷，更容易让人接受，更容易帮你开拓人脉，扩大影响力。

只有在不同的场合适时地主动曝光你自己，让大家认识到你在各方面的价值，你才能有更大的影响力。让大家看到你的价值，大家才愿意和你交往。“物以类聚，人以群分”，每个人的社交圈，实际上都是以自己为圆心，以年龄、爱好、经历、知识层次等的共同点为半径构成的无数同心圆。适时地曝光自己就等于把自己放在了大家的眼皮子底下，那些与你有共同点的人就会主动找到你，与你交谈。这也是一种“化被动为主动”的方式，把自己放到聚光灯下，让更多的人看到你，认识你，你才会拥有更多的机会，拥有更多的人脉。

当然，这其中是要讲究技巧的，只要你不断总结，总有规律可循。即使你因此得罪了他们，只要没有伤及他们的实质利益，就不会结下很大的仇怨，一旦你用自己的实力证明了你是值得提拔的、值得结交的，你是有实力站在聚光灯的下面的，他们就会反过来羡慕你，佩服你的勇气，更愿意与你结交。要扩大自己的影响力、拓展自己的人脉，就要有“曝光自己”的勇气，有“我是值得大家注意的”“我可以交到更多朋友”的自信心，只要你有价值，善于表现，就一定能得到更多的交往机会，积累更多的人脉。

二十几岁的年轻人只要善于捕捉时机，主动“曝光”自己，让大家了解自己，又愿意主动“进攻”，结识他人，保持幽默风趣的语言风格，无论走到哪里，都很快就会有“熟人”，也会由此而拥有更多的朋友。

与上司成为朋友的诀窍

保持与上司良好私交，会对我们的职场生活更加有利，这是众所周知的。但我们也要保持一定的沟通方法和私交分寸，否则对我们的职场生涯不但无利，还会害了我们。比如，李某与上司的私交非常好，两个人经常在私下里称兄道弟。但在一次对客户的宴会上，李某喝醉了，搂着上司的肩膀说：“兄弟也敬你一杯！”结果上司的脸马上黑了，最后，老板也渐渐疏远了他。和老板私交良好固然不错，但分寸掌握不好，就容易害了我们。

我们可以在公事上跟老板进行充分的沟通，也可以在私下里和老板拥有良好的私交，甚至在私下里聊聊你们的爱好和家庭琐事，但我们不能公私不分，在本来应该谈公事的场合称兄道弟，在下班休闲时间里还称呼别人的职务，这些都是不明智的。我们要在公事上多与上司沟通，审时度势，制造机会让上司了解我们的想法和工作进度，进而让上司信任我们。

比如，某单位有一位女同事，特别善于和上司沟通。她一直稳稳当当地做着一份别人无法替代的最小的上司工作。因为公司里的一位重要领导时常过来找她聊天，这位领导虽然不是她的直接上司，但是他是公司的董事会成员，他的意见可以直接影响到每一位员工的去留。所以，这位女同事的职位也没人敢动。后来这位领导调离了公司，可是新上司照样对她青睐有加。原因很简单，因为她总是能在楼道里、饭厅里适时地与上司巧遇，看似有一搭、无一搭地说些工作上的想法，而且从不多说一句话，也不道人是非。就这样换了几任上司，她的人缘都很好，所有的上司见了她都很喜欢，当然，她的成绩也是有目共睹的，尽管达不到最优的地步，但凭着她的善于沟通，不到三年，她升迁为中层领导。

一个公司的中层干部，往往担任着重要职责，他不仅要承担上司交给的任务，还要带领本部室的人往前冲，要替“自己”的人谋求“好处”，在上司脾气不好，部属心情烦躁时，还要做“夹心饼干”，总之是件累心的活儿。所以，中层干部尤其应该多与上级交流、沟通，让上司随时都知道自己和自己的部室在做些什么、进展到了什么程度、做得好不好，所以，常常跟上司“唠嗑”几乎可以看作他们的主要工作内容，而不仅仅是“拍马屁”那么简单。

即使是一名普通员工，在见到上司的时候，也应该多说一说工作上的事情，告诉上司你想了些什么、想怎么做，一来表明你对工作是很上心的，上司自然会认为你是个敬业的员工；二来他可能会给你一些意见和建议，这也对你的工作很有好处。这些就是我们必须在公事中应该和上司保持的关系，勇于沟通，拉近关系，让上司及时了解你、信任你。

其次，我们在私人关系方面也应该与上司建立良好的关系。这就不是那么简单的事了，如果你冒冒失失地拉近与老板的距离，可能被老板认为你别有所图，或者目的不单纯，总之，是件得不偿失的事。如果想和上司建立良好的私交，最好从平日入手，在工作中就建立良好的公事关系，等到上司升职、加薪或者其他的庆祝活动开展时，我们就可以花点心思，拉近自己与上司之间的距离了，总之，我们要使这一切看起来都是顺其自然，水到渠成的，而不可以强拉关系，否则，就会受到领导和同事们的排斥。

比如，有一名青年就是这样接近他的老板，并和老板建立良好的私交的。他每天都很早上班，除了他的老板以外，他比任何人都早。于是，当老板需要借打火机或者需要其他协助时，他就去帮助他，渐渐地老板就和他聊起了体育赛事或者个人爱好，当然他们最友好的时候，也谈起过各自的家庭甚至私事。

不久他就担任了公司的高级主管，当然这与他的业绩也是分不开的，但不仅仅是业绩的原因。他经常说的一句话就是“我喜欢待在掌权人的视线里。和掌权人保持一种正常范畴内的亲密关系，对我的事业是大有好处的”。这就是他信奉的原则，所以他在每一个部门都很受上级欢迎，在他26岁时，他就成了公司的高级合伙人，和公司的上层始终保持一种亲密的关系。

上司并不可怕，我们没有必要避之如蛇蝎。很多二十几岁的人都觉得不好意思和上司打交道，以显示自己的清白和骄傲。其实这完全没有必要，不会有同事因为你和上司走得近就排斥你，即使有也是“吃不到葡萄说葡萄酸”的心理，大可不必理会。

有些年轻人因为觉得自己是新人，还没有工作成绩，对自己缺乏自信，所以，勉强和上司打个招呼，不愿往深处沟通。其实这大可不必，也许你对自己要求太高，对自己总是不承认、不满意，也许上司并不像你自己认为的那样，也觉得你成绩不好；即使你真的比别人差些，只要你工作努力了，上司也不会看不起你，相反，把你的“痛苦”告诉他，他也许会给你一些好的建议，而且他会把你当自己人看待，因为你选择了信任他，他也会同样把信任回报给你。

总之，我们要学会和上级沟通，把上级当普通人一样看待，和他建立良好的朋友关系。如果你还是有心理障碍，就要鼓励自己，每一个人都需要朋友，越在高处的人，反而越不胜寒，所以你和上司交朋友也是在满足他的需要，是在安慰他，这样一想，心态就会平和许多。

20岁以后，我们不要再受世俗的影响，要勇敢地和上级建立良好的私交，这样不但对我们的职场生涯有好处，将来对于我们事业的成功也会有莫大的帮助。

第07章

学会沟通——别输在为人处世上

20岁阅历浅认知事物少，和身边的人交流总是很小心，不敢侃侃而谈；还有的年轻人心高气傲，说话目无尊长，没大没小。诸如此类的沟通，都是不妥当的。年轻人需要擅长沟通，这样30岁才能成为社交达人。

懂得沟通，为未来铺好路

如果一个人的人脉资源不够宽广有效，同时也就意味着，他的沟通方法和交往技巧有问题。比如一个人缺乏对别人的意图的领会能力，或者过于注重自我意识，而忽略了别人的感受，或者太重小利，而失去了别人的信任，总之，一个人的人际交往面太窄，除了自身过于内向、性格有弱点的关系外，还有很多技巧问题存在。而一个二十几岁的人，一定要掌握几项与人沟通、交往的技巧，才能够实现自己拓展人脉的目的，为自己的未来铺好路。

首先，要拓展人脉，第一个必须做好的事情就是了解他人，领会他人的意图。著名的心理学家卡尔·罗吉斯在他的《如何做人》一书中写道："当我尝试去了解别人的时候，我发现这真是太有价值了。我这样说，你或许会觉得奇怪。我们真的有必要这样做吗？我认为这是必要的。在我们听别人说话的时候，大部分的反应是评估或判断，而不是试着了解这些话，在别人述说某种感觉、态度和信念的时候，我们几乎立刻倾向于判定'说得不错'或'真是好笑''这不正常''这不合情理''这不正确''这不太好'。我们很少让自己确实地去了解这些话对其他人具有什么样的意义。"

我们通常善于以自我为中心，去判断他人的观念、态度是否正确，过分地相信自我的标准，而不是站在对方的立场上尝试理解他说的话。我们今天看到很多所谓的历史学家去指摘古人的错误，比如，岳飞的死是因为他犯了那些常识性的错误，忘记了那些为臣规则；袁崇焕的死是因为他自己的问题等。他们难道没有想过，尽管这是一个崇尚言论自由的时代，但是不代表他们的意志和思想可以代替古人的思想。民族英雄的确有他们的历史局限性，这是他们自己无法改变的，他们在性格上可能有些缺陷，但所有的一切，也许正是因为他们无可奈何的选择。难道，作为一个有自尊的人，你能够容忍自己的上司把所有的人带向一个坟墓而不灰心吗？在气愤之下，你没有撒手不管的赌气之举吗？在宋代那样一个崇尚“理学”的氛围当中，每一个人都有愚忠的念头，这是历史的局限，而不是个人的局限。

就像在今天，在这样一个“自由”“科学”的气氛当中，你想要找到一个“愚忠”的人也是不可能的。一个人怎样做事，怎样做人，都有他的原因，我们无论是嫌弃一个人的思想局限，还是觉得他的思想不合理，都要在了解他的基础上做出反应。也许在你的眼中，他的观念是错的，也许他的选择，在你看来是不对的。但是站在他的角度想一想，也许在他那样的处境中，他的信念才是对的，他的选择才是恰如其分的。所以，想要与人交往，第一步就是要了解他人，站在他的角度做出理解和判断。而不是以一个旁观者的身份盲目地以自己的标准去判断和要求他人，这是不公平的，也必定会为我们与他人的交往设置障碍。

其次，我们要实现与别人快乐沟通，就要学会放弃争论。要做到相互尊重，相互理解。有位顾客曾经在一个结婚淡季去拍婚纱照，为了挽留客户，老板派出了最能说的职员来打动她。他说的店里的所有优点顾客都认可，他的观点就是拍婚纱是一辈子的事，一定要拍最昂贵、最美好的，但是，这位顾客当时的经济条件决定了她根本不可能接受这种消费标准。如果他当时介绍他们店里更加经济合理的项目，还可能被接受。但是，他忘了他的目的，只是一味地向顾客推销他的想法，当他滔滔不绝地自我介绍完成以后，顾客立刻走出了那家婚纱店。无论他提供再多优惠，他的拍摄技术再好，顾客也绝不会回去了。因为，他不仅让顾客意识自己资金不宽裕，他还侮辱了顾客勤俭持家的观念，破坏了顾客拍婚纱照的好心情。这就是争辩带来的所有后果，如今，这名顾客已经有经济能力拍一套更昂贵的婚纱照，也理解了他所说的观念，但她绝不会再踏进那家婚纱店一步。

如果想一个人认同你，接受你，第一步就是要对他的观念表示赞同，无论你是不是认为他错了，都不要争辩。一个人只会通过自己反思认识到错误，即使他改变了自己的想法，也不是你辩论的结果，而是他自己想改。所以，快乐沟通第一步，就是做个“应声虫”；沟通第二步，才是发表自己的想法，这个想法可以是前面想法的补充，而不是对立。快乐地与人沟通，是实现人际交往的第一步，也是自己事业起步的第一步，如果我们能够做到快乐地和自己的朋友、客户沟通，就能够和他们建立愉快的合作关系。这样无论你是为公司做事，还是自立门户，这些客户都是你的资源。

二十几岁的人要把握好这些交往原则、沟通技巧，学会快乐地和他人沟通，才能为未来的成功铺好路。这里借用林肯总统的一句话作为结尾：任何决心有成就的人，绝不肯在私人争执上耗费时间，争执的后果不是他所能承担得起的。

尊重对方的隐私和秘密

每个人都有自己的隐私和秘密，对于别人的秘密的尊重，是一种有教养的表现，会得到更多人的欢迎，俗话说“好奇害死猫”，猫有九条命尚且会被自己的好奇心害死，何况是我们呢?

20岁以后，我们有必要明白一些交往的规则，更要让自己明白应该知道哪些事，不应该知道哪些事，哪些事即使知道也要装糊涂。这些都是一些与人相处必要的礼仪，遵守这些礼仪会让你在职场上如鱼得水，而破坏这些礼仪则会让别人对你避之唯恐不及，让你变成真正的孤家寡人。

别人的秘密通常包括两方面，一是个人隐私，二是公司的商业秘密。在这两方面我们都要保持清醒的认识，不要过分好奇别人的秘密。在个人隐私方面，别人的秘密也就是关于薪水、恋情、家庭方面的重大变故，也可能是职位的变动等。

首先，个人的薪水在公司一向是保密的，否则容易引起同人的不满，甚至出现人事动荡，所以一般来说每个公司的薪水状况都属于保密状态，这不单单是个人隐私问题，同时也是公司的要求。社会上没有绝对的公平，同一个公司，同样的职位，干同样的活，拿的钱却可能完全不一样。遇到这种情况，任何人在心里都难免会失衡。在大多数时候，私下打听同事的薪水状况也正是基于这样一种心理。然而，在办公室里谈论薪资永远都是一种忌讳，所以这方面的秘密不要好奇，否则不但容易引起当事人的反感，如果传到上司耳朵里，也会觉得你这个人不知轻重，给别人留下轻狂浮躁的坏印象。

其次，是个人的家庭隐私状况，如果一个人主动向你讲起他的私事，说明他很信任你，他希望和你拉近彼此之间的距离，同时希望你们的关系也不是一般的笃深。但是私事不等于隐私，在公司与同事谈及私事，可能会增进彼此间的亲切感，但涉及个人隐私，每个人都是敏感的。比如，一桩还不为人知的办公室恋情，一些个人身体健康方面的隐私或生理缺陷，一些幼时家庭艰难的境况，一些关于对方爱人的花边新闻，这些都属于个人隐私，如果你不小心问及，不但会惹怒对方，还会给别人留下长嘴婆的印象。向别人泄露自己的隐私，别人可能会以此为笑柄攻击你。如果随意谈论及他人的隐私，他人也会对你表示不满并乘机报复。还有一些尽管不属于隐私的事，尽管别人知道，而因为你和当事人的关系疏离，所以还不清楚，这样的事也不宜追根究底，非要打探清楚。总之，凡事都不感兴趣的人固然为人所不喜，但凡事都要打破砂锅问到底的人也会招人反感。

比如一个人打算跳槽，那为了不给别人留下口实，他的打算必然是秘密的。这样的秘密虽然不像个人隐私一样重要，但保密不好难免会授人以柄。所以，大多数人不愿在提交辞呈之前让别人知道。所以，即便你听到一些风声，也不要随随便便向他人求证。 每个人都有自己的秘密，人们对于秘密总是感到好奇，这是人的天性决定的。但知晓秘密对人却不一定都是好事。知道一个人的秘密，不能向别人倾诉固然痛苦；但如果你知道一个人的秘密，这件事明明不是你传播出去的，但仍不小心传播了开来，那别人就会误认为是你不能够保守秘密，就会把你看成搬弄是非的小人；而如果你真的不小心泄露了别人的秘密，大家就再也不会轻易将秘密告诉你了，随之而来的还有别有用心的小人故意泄露别人的秘密给你让你传播。所以，君子谨言慎行，不要对别人的秘密表示好奇，也不要去对不能讲给众人的隐私刨根问底。对于公事来说，秘密有时候就等于商业机密。知晓这些对你更是绝无好处，你也许只是出于好奇之心，但别人会把你看成别有用心的小人。所以，面对那些掌握公司商业核心的人，我们一定不要轻易问他们的工作进度、未来计划等，因为那些可能都是商业机密，一旦我们问起这些，就等于刺探公司的商业秘密，给别人心怀叵测的印象。即使别人不怀疑你，一旦商业机密泄露，你就可能成为大家怀疑的对象。

所以，聪明人善于控制自己的好奇心，不让好奇心成为阻碍自己发展的障碍，而一个对别人的秘密表示充分尊重的人也会得到人们的尊重。尊重他人的隐私权，是道德的底线，而尊重他人的非隐私性秘密则是社会对我们提出的更高要求。一个愿意为别人保守秘密的人会受人尊敬，而一个不好奇别人秘密的人则是一个品格高尚的人。

20岁以后我们要明白，无论是什么样的秘密都不要去打听，是我们对别人最大的尊重。不对别人的秘密好奇，不仅是一种礼仪，而且是一个人道德修养的表现。有教养的人不想知道自己不能知道的事，这不是对别人的漠不关心，而是对别人的尊重。只有做到这一点，知进退，有尺度，我们才会更有人格魅力，更受欢迎。

恪守日常工作礼仪

一个人在工作中的礼仪是日常最重要的礼仪训练之一，因为我们很多时间都在工作中度过，所以，一个人的工作礼仪更能体现他的修养。也就是说，在一切工作场合，作为一般性守则的工作礼仪，是任何人均应恪守不怠的。

那么，我们要在哪些方面遵守工作礼仪呢？

首先，是我们的着装，公司职员每天上班都应按照公司要求着装和佩戴工作牌。如果公司没有严格具体的要求，我们务必使自己的着装看起来素雅大方、和谐庄重，不宜过分招摇、裸露，更不宜穿那些街头、混搭风格的衣饰。总之，我们的服饰要色彩单一，款式雅致，面料和手工精致优良，搭配和谐，才能够使自己看起来更庄重，也更能代表公司形象。

其次，我们的工作语言要符合规范，可以在具体内容和表达方式方面加以训练。在日常交谈中，我们要努力做到用词文雅，自觉回避使用不雅之词，如脏话、粗话，更不能讲黑话、黄话、怪话。在表达方式方面，一定要礼貌，语气要和蔼、热情、友善而有耐心，不能轻慢嘲讽。尤其在接电话时更要做到有礼貌，以免引起对方误会，因为电话沟通时不能看到对方的面孔，只能通过语言、语气揣测对方的情绪。所以，我们的不耐烦与轻慢往往更容易惹恼对方，使别人误会。所以，办公室中，电话响了四声以上，接起来一定要说“对不起，久等了”；接电话时，对方虽然看不见你的脸，但一定要保持微笑；语言一定要亲切，精准，避免打扰别人太多时间；无论对待任何人，都要避免不耐烦，尤其是一些推销电话，也要好声好气地拒绝，比如说“谢谢，我们不需要”，或者“等我们需要时，会通知你们”，要知道那也是他们的工作，尊重对方的工作，就是尊重自己的工作。

最后，工作中的交往礼仪。内部交往要处理好自己与上司、下属、同级等不同性质的人际关系。做到团结有礼，对于上级的话不要不懂装懂，上级吩咐的工作要服从。在日常相处之时，要多讲文明用语，上班时，要主动跟别人打招呼、问候；下班时也不要忘了说声辛苦了，总之，礼多人不怪。在外部交往时，更要礼貌有加，广结善缘。不论因公还是因私，我们通常都要参加一些公务应酬。与公司外部人士交往或相处时，我们既要与人为善，努力扩大自己的交际面，又要不忘维护公司形象与个人形象，注意检点自己的举止，使之不失自己的身份。客人来访时，要主动打招呼，使用礼貌的欢迎语，比如“欢迎光临”“您好”等，如在非正式场合不妨寒暄一番，比如讲一句“见到您非常荣幸”更能体现一个人的热情亲切，再切入主题，就比较自然。听取客人的问话，要有问有答，有理有据，态度诚恳，不敷衍。客人临别时，要简短道别，有必要时不妨送一送；没有这样庄重的必要，也可以道一声“再见”“下次再来”，会显得更加有礼貌，讲礼仪。

这些礼仪都是我们在工作中有必要注意的，当然这只是表面的，要做到有礼有节，还要在细节处下些功夫，才能显得更有教养。一般的公司都会在我们初入公司时，做一些培训，然而培训只能解决一些皮毛，关键在于我们对于自己职位、地位的把握，对于礼仪规范的理解和运用。

一个内心高尚的人会不自觉地显露出自己有礼貌的一面，而一个素质低下的人，不管怎样学习礼仪规范，还是会不经意地流露出自己无礼、强横、卑琐的一面。但是学习就会进步，知道了哪些行为不够规范，起码可以规范我们表面的行为，渐渐地，我们的内心也会得到改变，最终我们也能够成为一个自觉遵守工作礼仪规范的有教养的职员。

20岁以后，我们一定要知道工作中注意的礼仪，以免犯一些低级的错误，当然，为了训练有素，我们也可以上一些礼仪培训班。但那只能解决表面问题，要想拥有更好的教养，还要从内心深处开始锻炼。

做一个懂礼仪、有风范、有魅力的人是很不容易的，其中缺少不了一番折磨，但人生就是在折磨中走向成熟，在锻炼中走向成功的。中国号称礼仪之邦，在工作中一定的礼节不可避免，也不能废除。一个有教养的年轻人，必须要遵守社会普遍的礼仪，才能成就一番大业。不拘小节固然能够显示人的魅力；有礼有节的人则会让人更加欣赏和尊敬。做一个让人敬重的人，我们要遵守工作中那些不可缺少的礼仪。

做一个合格的倾听者

在任何场合，认真倾听别人的谈话都是一种有教养的行为，打断别人的讲话都是不礼貌的。所以，我们要学会认真倾听他人的谈话，在倾听完毕之后再表达自己的意见，这就是一种礼仪。很多人明白这个道理，但并不知道为什么。

首先，我们的眼睛和耳朵是接收外部信号的工具，如果我们做不到认真倾听别人的谈话，就不可能在头脑中形成完整的信息，而不完整的信息会带给我们偏见，从而形成一种自以为是的看法。

其次，说话是一种输出信号的方法，信号的输出取决于我们对事物的认知，如果我们已经形成了偏见，对别人的评价就是不公正的，而这些不公正会从你的语言、语气、态度中不经意地流露出来，引起别人的反感。所以，要想发表高见，在之前有必要进行一定的倾听、调查，才能以客观公允的态度对待一件事，而客观和公允正是受人尊敬的一种品质，是有礼仪的一种表现。

当然这只是针对一个人来说，如果针对谈话的双方来说。认真倾听的态度会让人得到你尊重他的结论，而论述被打断则会让对方认为你对他不够尊重，态度敷衍。谈话的人也许并不需要你实质上的帮助，而只是想找一个发泄心中不平的渠道，所以倾听别人的谈话，就能在任他发泄之后，再给他一点意见或者安慰，他才会更加容易接受。有的人，谈话双方有着根本上的分歧，其中一方是带着情绪在谈话，这时适当的沉默等于是拳头砸在了海绵上，软绵绵的没有力道，失去了攻击对象，情绪也会慢慢平静下来，这时再谈具体事宜，就取得了谈话的主动权，说出来的话也更容易被人接受。基于上面的理由，在任何场合我们都要做到十分钟听，一分钟讲，让对方的讲话能够顺利进行，并适当提供意见，才会使双方都满意，也可以表现你的礼仪周到和高贵修养。

那在倾听的时候，我们要注意些什么呢？

首先，是正确的态度。一定要用心地听别人讲话，不要急于辩解或附和，也不要心不在焉，一边听，一边忙手头上的事。遇到不理解或听不懂的时候要先说“对不起，刚刚我没听清楚，能不能重复一下”之类的话。在倾听的过程中，不妨提几个问题，表示你对他的倾诉的认真态度，更可以让他通过你的提问进行深思，使你们的谈话不流于表面，使他对你有更进一步的认识。这样的倾听，才可以算得上有效的交流。只要我们认真倾听他人的谈话，我们不但能得到对方的尊重，同时还可以从他的谈话中得到有关他的更多的认知和评价。遇到一个人喋喋不休地抱怨和流于表面、自以为是的看法时，我们也不要嘲笑对方，因为谁都有浅薄的时候，理解他人的困境，倾听他人的困难是作为朋友应尽的义务。同时，喋喋不休的人也许是一个小人，我们要抱着“宁可得罪君子，不可得罪小人”的态度去倾听他的谈话，这样比较有利于保护自己。

其次，不要轻易打断别人的话题。无论一个人谈论的话题多么浅薄，讲的话不知已经重复过多少遍，我们都要秉持着尊重的态度去倾听他人的谈话而不能随意打断。要知道打断他人的话是一种非常不礼貌的行为。而在这中间流露出嘲笑、不耐烦的表情更是无礼的。当然，如果我们想改变自己尴尬的处境，可以巧妙地转移话题，通过几个问题或几句玩笑话把话题转移到你希望听的话题上去。

倾听完对方的倾诉之后，我们往往要表明自己的态度或意见，表示对他人的重视和尊重。对方也会希望得到你的意见、指导和劝慰。那怎样说才会既不伤害对方的自尊心，又客观公允、立场鲜明呢？不要一味附和对方的观点，否则会让人觉得你很没主见；也不要一味反对对方，这样会引起他人反感。我们要客观公允地做出自己的判断。如果对方错了，不妨通过巧妙的笑话间接地批评他，这比直接的指责和强辩有用得多。聪明的人一定会明白你的好意和话外之音。

语气要尊重，语言不妨幽默。幽默的语言不但能够显示你高超的谈话技巧，表现你良好的修养，还会让对方觉得亲切、放松，拉近彼此的心理距离。语言可以幽默，却不可以用讽刺的言语，那会让人觉得你心机深沉，并且受到嘲笑会使对方的自尊心受损，再也不愿意和你交流。

也许我们现在还太年轻，急于表现自己与众不同的一面。也许我们性子急躁，总是等不及听完别人的意见就急于辩解。但我们一定要明白听与说的艺术，做到多听少说；全面地听，公正地说；有礼地听，尊重、巧妙地说，如此才可以在工作、社交中完美地发挥听与说的艺术，表现对别人的尊重。

认真倾听别人的讲话，是一种不可缺少的礼仪，客观、谨慎地说出自己的感受和评价，则是有教养的一种行为。喋喋不休的人浅薄，沉默无语的人压抑，只有善听善说的人才会让人觉得轻松愉快、有格调。

与人交往，相处距离很重要

无论向客户推销还是与同事相处，我们都要懂得和别人保持一定的距离。这个距离不仅是身体的距离，同样包括心理距离。“距离产生美”，一定的距离既可以让我们更清楚地看清对方，又容易保持长久的友谊。20岁以后，我们无论做什么事都要懂得有度，保持分寸才可以使自己更有大家风范。尤其在和一些女同事相处时，把握好分寸才可以让你在交往中游刃有余。

在日常交往中，要做到亲疏有度不是很容易的。曾经听一个讲座，教授说起某些商场超市的服务员特别有意思，从顾客一进店就跟在客人后面，一直到把客人送出店外。虽然有的商场为了刺激店员销售，会让店员们搞竞争，如果客人一进店，店员就跟上去，说明这个顾客就是自己的，别人不可以争抢业绩，但这样的竞争方式却是最终把客人都吓走了，想必也不是店主所愿吧。

美国人类学家爱德华·霍尔博士对于距离与关系的论证，证明在人的心理中存在四种距离，一是公众距离，为3.7～7.6米，在这个距离内，人们完全可以对处于空间的其他人“视而不见”，不予交往。二是社交距离，为1.2～3.7米， 在这个距离内，人们可以互相交谈，体现出一种社交性或礼节上的正式关系。这时主要靠声音和目光交流。三是个人距离，为0.45～1.2米，随着朋友间亲密程度的不同而在不同的位置，较为熟悉的人可以离近一点，较为陌生的人则要更远些。四是亲密距离，0.15厘米以内，这是人际交往中的最亲密距离，这一距离通常只有在亲人、爱人、恋人、同性友人之间才可以保持，在这个距离内允许肌肤相触，比如闺密会互相挽着胳膊，但是要避免勾肩搭背。如果在对方未允许的情况下进入对方的亲密距离之内，会让人感到受侵犯。

与人交往，相处距离是很重要的。如果你还不具备一定的资格，你最好不要进入别人的社交范围之内。比如超市的服务员，当顾客有需要时，才可以试探性地进入他的社交距离内，跟他交流，介绍物品。这个距离也要有所保留，起码在一米以外。

除了实际上的身体距离以外，还要保持一定的心理距离。即使最亲密的朋友和爱人也不能完全分享彼此的隐私。所以，同事之间最好也不要出现借别人私物的现象。比如，最好不要借他人的手机、笔记本、汽车等，因为这些都可能直接或间接和别人的隐私有关。而不经意地翻阅别人的信件、短信，接听别人的私人电话更是连夫妻这样亲密的人都不能做的事，否则很可能触犯到别人的隐私，造成双方关系破裂。交流思想更是要和适当的人才可以做的事，不要以为和最亲近的人就可以交流你的思想，甚至父母夫妻也是如此，只有和志同道合的人才可以讨论自己的志向，和有共同语言的人才可以交流思想，和感情深厚的人才可以交流情感。夫妻、亲人只是生活上的伴侣，同事只是工作上的伴侣，一般朋友只是社交上的伴侣。没有人是全能的，不可能由一个人扮演所有角色，所以，亲疏要有度，相处要讲究缘分，要讲距离，更要公私分明，以免最后好朋友不欢而散。

即使是再好的朋友，也要注意在彼此的关系中保持平等和适当的距离。绝对不能对朋友过分要求，不要将对方的所作所为看作理所当然。无条件领受了人家的好意却没有任何表示的人，是很难维系好一段友情的。而如果你在朋友面前摆出一副高高在上的施舍姿态，必然会让朋友和你疏远。

朋友有了困难，你可以无条件地帮助他，却不能让他误以为这是对他的一种侮辱和施舍。你有了困难，也可以请求朋友的帮助，但却不能无动于衷，恰当地表示你的感激，有助于朋友间的关系更加亲密。

同事之间更是如此，懂得保持和上司、同事保持一定距离的人是明智的，即使上司是你的同学，也不能开过分的玩笑，亲密无间只是一种幻想。在工作中的伙伴比其他关系更难处理，因为多数时间我们要遭遇“利益”的考验，如果在利益面前有了冲突，任何人都不太可能保持心平气和，一定程度的见利忘义是多数人正当的想法，只不过表现不同而已。对于普通人的表现我们可能会宽容，而如果最亲密的朋友和你争名夺利，你可能就会在心里产生隔阂，因为人对自己的朋友往往比陌生人要求要苛刻一些。

所以，谨慎行事是为人处世应有的原则，它可以避免你冲动行事，有利于做事万无一失。在交往中更要掌握分寸，做到亲疏有度，否则只会招来更多的不满，把陌生人变成敌人，把朋友变成陌生人。“过犹不及”，我们一定要掌握好火候，保持一定的距离，才可以在社交中游刃有余。

请给予他人充分的信任

在交往中，我们常常讲的是要讲信用，讲诚信，这是对我们自己在信誉方面的要求。我们希望别人在交往中信任自己，那我们是否也要做到信任他人呢？在交往中，信任别人的人会受到更多人的欢迎。

信任当然不能是盲目的，盲目信任他人很可能导致受骗，尤其是对于那些来历不明的陌生人，我们更要保持警惕，但是对于我们身边的熟人，选择信任他们会让他们感到感激。在这个信任危机的时代，任何一种盲目的信任都要付出代价，而任何一种对于交往对象的猜疑，都会使人受到伤害。

20岁以后，我们要睁大双眼，辨别那些值得我们信任的人，给他们以安全感和可靠感，信任他们，认可他们，才会得到他们的赞同。尔虞我诈的欺骗和虚伪的敷衍是对人际关系的亵渎，任何人都不会无缘无故地喜欢和认同一个人，他们的喜欢和认同都是建立在我们对他们的信任和认同之上的。所以，真诚地对待一个人、相信一个人才可以让别人产生敬佩与赞同的感情。

与信任相反的就是多疑和猜忌。很多人都有猜忌他人的坏习惯，这固然与一个人的心胸有关，同时也是一个人不自信的表现。一个喜欢猜忌他人的人，通常有着很深的自卑心理，导致他不能客观地对待别人，总是以先入为主的偏见对待他人。有这样一则有趣的故事。有一个人丢失了一把斧子，他怀疑是邻居偷了。因此留心观察邻居的所作所为，觉得邻居走路、说话、神态都像是偷了他斧子的样子，他肯定邻居就是那个小偷。不久，他在自家地里找到了斧子，再观察邻居，这时就觉得他说话、走路、神态全然不像小偷的样子了。

为什么一个人对另一个人会产生如此不同的判断呢？因为猜忌正是一种主观想象和推测，不以事实为根据。你遇没遇到过类似的情况？总以为谁在背后说你的坏话，总以为别人聚在一起是在取笑你，总以为有人在你背后陷害你，结果事实上根本没有那回事。

事实上，每个人都有他猜忌多疑的一面，越是遇到和自己亲密的人，和自己敌对的人，猜忌心理越是严重。红楼梦中最爱猜忌人的莫过于林黛玉了，史湘云不过说了一句她像戏子，她就大哭大闹地怀疑史湘云看不起她。薛宝钗不过劝贾宝玉酒要温过再喝，她就怀疑薛宝钗喜欢她的宝哥哥，结果草木皆兵，到处树敌，动不动就流泪伤情，被人看做第一小心眼的人。

谨慎行事是有必要的，但谨慎不等于猜疑。猜疑只会让你一事无成。只有真诚地信任他人，才可以让你的人际关系更加和谐。要养成信任他人的良好习惯，使自己有礼仪、有教养，就要戒除猜疑他人的坏毛病，相信他人的善意会让你更从容。任何人际关系都是建立在相互往来的基础之上的，如果你不信任别人，猜忌别人，就很可能招来别人的反感。想要信任一个人，首先要从相信他所说的话开始。如果你觉得他说话谨慎，不夸口、不张扬，这样的人，一定值得你信任。相反，通常说得天花乱坠的人，他的话的可信度就要打个折扣。

相信别人就要相信他的能力，一个人的能力得到他人的认同和信任时，就会把你当作知遇之人，给一个年轻人一项大任，他通常会赋予100%的热情与精力而不求任何回报。在语言上表示对他人的认同，不如以实际行动来表达更好。面对他人的请求，迟疑的态度无疑会刺伤对方的自尊心，这时，绝对的信任才会激发一个人的热情。

人们对一个人的信任，通常有一个循序渐进的过程。首先是相信他的话语、态度，然后相信他的能力，最后相信他的人品。信任他人，就是信任自己的眼光，而怀疑别人的态度，也是对自己眼光和生活态度审视、怀疑的态度。相信别人的善意、世界的善良、公正，就是信任自己有一颗善良之心，而以一种怀疑的态度对待他人，就会引起他人的反感，是一种很不礼貌的行为。做个有教养的人，就不要轻易怀疑他人的动机，做个懂礼仪的人就要学会相信别人。

自我营销，拿捏好分寸

成功推销自己是在竞争激烈的社会中生存的条件之一，如果我们只是埋头苦干或者消极地等待别人认识自己的能力，给自己一项重要的任务，那通常就会埋没了自我。20岁以后，我们一定要尝试着在工作中推销自己，或者毛遂自荐，或者表达出自己独特的想法和意见，尽管勇敢地表达自己会让很多人不是那么舒服。但是，只要我们不太过火和功利，不太过于出风头，不那么重视利益和职位，相信同事也可以理解你，上司也不至于为难你。但是推销自己一定要把握好火候，不然就成了锋芒毕露了。

通常愿意推销自己的人都对自己非常自信，做事也非常主动、积极。表现出在某方面的一定野心是有必要的，否则，你突然要求做某事，就会让人感到意外，让人觉得你这个人太深藏不露，也太虚伪。所以，职场上的年轻人有必要表现得积极一点，热情一点，而不是像那些职场上的“老油条”一样圆滑世故，深藏不露。当然这种积极也不能表现为急功近利，急于出风头和建功立业，急于升职，否则就会变成公敌。

我们的积极是一种急于进步，积极踏实地做事，不计较利益和职位。这样你就会顺利地积累一些做事的经验，在积累深厚的基础上，再积极地推销自己，啃一些“硬骨头”，解决一些公司的难题，这样我们才能够让别人重视而不嫉妒，信任而不攻击。

每个人都更喜欢“我能做”的人，而不是“不，我做不到”的人。所以，在上司给我们无法完成的任务时，我们要积极回应他，而不能拒绝。

你做不好没关系，但是一定要让老板看到你尽力了。无论领导下达了什么样的任务，你都要抱着百分之一百的热情去做。对于自己胜任的工作，一定要做完美，对于不能胜任的工作，也不要推卸、拖延，我们可以虚心地向同事或者领导请教。

当然这只是被动地推销自己。如果你想主动承担一项任务，就要在平时不着痕迹地表现自己一把，当然切忌时时表现自己。这样，你的出头才不会太突然，老板也会放心地把事情交给你去做。如果你只是默默无闻地等待机会的来临，虽然少了很多竞争对手，但也得不到老板的重视，即使你毛遂自荐，老板也不一定信任你。

毛遂自荐的故事大家都听过，为什么主人会对毛遂有疑问？如果不是毛遂的巧妙回答，不是别人极力推荐，而他们的主人又找不到更好的人选，毛遂会不会得到这次重任？很有可能不会，因为他平时表现并不突出。如果一个人平时默默无闻，关键时刻跳出来抢做一件关系到公司重大利益的事，若你是领导，你会把事情交给这个人做吗？如果有第二个选择，相信你也不会。所以，我们在平时就要着意传递自己的想法，做事积极主动，勇敢挑战自己做不好的事，这样到了关键时刻，别人才会信任你。

成功地推销自己还要遵守一个规则，就是当事情是大家都能够做好的重要的事时，不要再推销自己进行争抢，这样会招来众人的不满。既然一件事大家都能够做好，就轮不到你来表现自己。我们要做那些别人没把握做好或不愿意做的但是很重要关系到公司未来的事，或者利益不大的事，这样的事情，没有人会跟你争抢。你做不好，也不会有人等着看你笑话或埋怨你，只要你尽力去做，并且在做的过程中争取到大多数人的帮助，就可以了。

适时地推销自己，让更多的人看到你的能力，你就会拥有更多机会，做事会更积极，进步会更快。那些勇于挑战自己的人，永远是进步最快的，因为我们能在挑战自己的过程中获得更多的经验和进步。而那些只做自己能力之内的事情的人，往往得不到进步或者进步缓慢。因此，推销自己不仅仅是向众人证明自己的能力的一种方法，更是自我鞭策的好办法。所以，我们要学会推销自己，挑战自己，才能够更成功，年轻人尤其应该如此。

第08章

敢于冒险——走出生活的舒适圈

梦想是人一生一直认同并坚持去追求的一种价值取向，当年轻人有理想支撑的时候，要敢于冒险，尽管会懦弱恐惧，但只要通过理性的判断，选择一条正确的道路，做一件正确的事情，那么30岁将铸就一个美好的未来。

树立正确的金钱观

美国哈佛大学商学院教授理查德·泰德罗倡导尊重金钱，提出“金钱是最没有偏见的”观念。我们可能会不赞同，觉得自己辛辛苦苦，并不比老板得到更多的金钱，觉得目前的分配制度是不公平的。

其实，所有的一切都源于我们对于金钱的态度。那些对于财富不屑一顾的态度固然不可取，然而对于财富一分一毫都不肯撒手的守财奴来说，更少了很多生活的乐趣。无论是生活还是财富，幸福最终只会被执着于他的人得到。在我们还没有拥有金钱的时候，我们一定要学会像拥有财富的人一样思考问题，财富才会向我们蜂拥而来。

二十几岁，我们一定要知道，金钱的流通是有一定的规律的，我们只有掌握这种规律，才能够保证金钱会向着我们的口袋流过来。这种规律，穷人没有掌握，做事杂乱无章或者逆规律行事，所以会越变越穷。而这种规律，学校并不能教给我们，所以我们也不能从学校教育中得到。学校只教给我们为别人工作的本领，从不教给我们让钱为我们工作的本事，这是目前教育无法避免的。而我们要得到这种规律，只有从富人的一言一行、思考方式方面去揣摩。

要想赚钱，思想一定要先于行动，我们一定要学会像富人一样思考，才会像富人一样做事，最终才能跟他们一样拥有财富。富人和穷人之间最大的区别，不是简单的资金和资产上的悬殊，而是观念和思维方式的不同。在这方面，富人的子女和亲人能够通过他们的日常行为和思想受到潜移默化的影响。而穷人的孩子则有了这方面的限制，他们从小接受的就是穷人的观念，他们甚至很少知道财富的价值，思想的重要性，改变起来自然艰难。

就像网上的一个笑话，一个人说："等我们有钱了，豆浆买两碗，喝一碗倒一碗；等我们有钱了，保镖请两队，一队背着一队走。"极端地讲，穷人的消费观就是这样，当然他们的其他观念也好不到哪里去。记得彩票刚刚发行不久，几个哥们儿聊天的话题是"中了500万元干什么"，他们中间有说买房的，有说买车的，有说先去旅游，也有的说要投资。有一位智者说得好："如果你给他10元，他就会考虑吃一顿好饭；如果你给他100元，他就会给自己置一套不错的行头；如果你给他一千元，他就会考虑出去旅游一次。这样的人，你奢望他能拿什么致富？"

见识的有限限制了穷人们的想象力，所以我们安贫乐道，只会安分守己地工作—赚钱—花掉—工作，从来没有想过其他的可能。我们中的大多数人生活在穷人中间，久而久之，就形成了穷人的心态，思维变成了穷人的思维，行为模式也是典型的穷人模式，就算有一天我们遇到了飞来横财，我们也只会按照我们认定的方式去处理钱财，结果导致财富的缩水，甚至被骗。没有赚取财富的头脑和眼光，没有辨别真假赚钱之道的慧眼，再多资产对于我们来说也不过是一笔死钱，他永远不能够通过一定的手段给我们带来更多财富。

为什么世界上会有风险投资，为什么有些人持有着大把资产找人合作？或者只求一个好点子？为什么有人投资失败，一夜之间会一无所有，几年之间又会从负债几亿元变成身价几亿元的富翁？而为什么另一些人的生活就会像古井一样千年无波？真的是命运如此吗？不，富人有自己信奉的一套哲学，有自己独到的眼光和观念，所以，他们会越来越富有。而穷人信奉知足常乐，信任一切稳妥可靠的东西，宁愿一辈子打工，所以，无论挣多少钱，如果没有自己的事业，没有自己独到的观念，那么，他就是一个穷人。有人学习怎样投资，他成了老板；有人学习怎样管理，他成了经理；有人学怎样把别人吩咐的事做好，怎样分析老板的脸色做事，怎样要求加薪，他成了一名打工仔。学习的东西不同，让我们成为不同的人。有人说，办公桌前面的人永远不知道桌子后面的人在忙些什么，所以，他会变得贫穷，如果一个人想要富有，就要向办公桌后面的人学习。

首先就是要学习他们的思维模式。比如，把所有的挑战、障碍都看作机遇；把所有看起来没有价值的东西，找到他可能附加的价值；热爱一切新鲜事物，并把它们和财富联系在一起；尊重金钱，享受财富。要想使自己成为一个富人，应该“自知”，即对自己有一个清醒的认识，如果你的观念现在已经跟不上富裕的脚步，那你就将变成一个穷人。让自己拥有富人的思想，比拥有财富更刻不容缓。学会像有钱人一样思考，是一个年轻人在没有成熟的阶段就要拥有的本事，否则，一旦你的财富观念定了性，就是很难改变的。所以，趁现在你对金钱还没有一个正确成熟的观念，马上学一学有钱人的金钱观吧！

尝试去做没做过的事

康德曾说过：“人的心中有一种追求无限和永恒的倾向。”这种倾向最直观的表现就是冒险。人在二十几岁时必须历练自己的冒险精神，以使自己的人生呈现金色。比尔·盖茨说：“所谓机会，就是去尝试新的、没做过的事。可惜在微软神话下，许多人要做的，仅仅是去重复微软的一切。这些不敢创新、不敢冒险的人，要不了多久就会丧失竞争力，又哪来成功的机会呢？”微软素来以只青睐具有冒险精神的员工而闻名。他们宁愿冒失败的危险选用曾经失败过的员工，也不愿意录用一个处处谨慎却毫无建树的员工。在微软，大家的共识是：最好去尝试机会，即使失败，也比不尝试任何机会好得多。正如威廉·丹福斯所说：“你之所以不是自己想要成为的那样的人，唯一原因就是你不敢成为那样的人，一旦你有了这种胆量，一旦你不再随波逐流，而是勇敢地面对生活，你的生活将从一个崭新的阶段开始，你将发现自己的体内充满了新的力量。”

美国人派吉曾写过一段著名的话，题目叫《只为今天》，在美国广为流传。其中一点他特别强调，“只为今天，我要用三件事来锻造我的灵魂：我要为别人做一件好事，我还要做一件我并不想做的事，更重要的是我要做一件我不敢做的事”。有些年轻的人不敢冒险是因为总担心失败，怕失败后连现在拥有的东西都要失去。他们总会找出各种各样的理由来使自己不去冒险。最后，他们一事无成，只能羡慕地望着别人，看着别人在勇敢冒险之后过着富足的生活，而自己却在思前想后中安安稳稳地毫无突破，仍在原地踏步。还有些年轻的人不去冒险是因为畏惧困难，一件件难事要自己去摆平、一个个痛苦要自己来承受，想起来就心惊胆战。于是他们便将所有的事一股脑儿地推给了别人，不管是有意义还是无意义的事，但当别人历尽千难万险得到掌声和鲜花后，他们又后悔当初不该将机会拱手相让。

有些人害怕去冒风险是因为他们习惯了安逸，他们总躺在幸福的港湾里风平浪静，无比留恋已经拥有的舒适而因此感到满足。毕竟，冒险常常是失败的导火索，冒险就意味着放弃到手的一切，意味着要面对无尽的风风雨雨。

记得一位哲人说过，对于那些害怕危险的人来说，危险无处不在，坐吃山空是他们未来注定的结局。生活中有些事情看起来很难，其实不然。许多令我们害怕的事情难就难在走出第一步。第一步所需要的勇气和胆识超过了事情本身。人的勇气和冒险精神并非与生俱来的，许多人本身能力并不差，只是因为不敢走出第一步，失去了很多锻炼自己、提高自己的良机。只有敢于冒险的年轻人才能成为这个世界的强者，在历史的画卷上抹上浓墨重彩的一笔。

缔造出《仙境传说RO》与《卓越之剑GE》两款备受追捧的网络游

戏，被誉为“RO之父”的金学圭就极富冒险精神。在《仙境传说RO》还没有诞生的时候，韩国网络游戏开始追逐3D化的游戏大潮，金学圭却敏锐地觉察到，Q版游戏才是真正的趋势。但在当时的韩国开发一款Q版的网络游戏，是存在很大风险的。整个韩国业界几乎全部看好3D化游戏，一致认为游戏的成败只与3D化的效果有关。但金学圭却喜欢冒险，他不愿意随众人追逐所谓的潮流。也正是这样，为金学圭成就了引导潮流的地位——他的《仙境传说RO》力排众议，以Q版面市后，得到了空前的成功。金学圭于是一跃成为韩国首席游戏制作人。

在金学圭取得成功后，他却令人大跌眼镜地毅然抛弃了为他创造无数成果与荣誉的公司和《仙境传说RO》，开始建立自己的游戏开发公司，并研发了《卓越之剑GE》。事实证实了金学圭的勇气与冒险精神再一次为他带来了成功。这款游戏还没有上市，就获得了韩国韩光集团45亿韩元的投资，并迅速在韩国、日本、新加坡等地成功推广。金学圭用他的成就证明了一个简单的道理，成功靠的不是运气，而是极富挑战性的冒险精神。

年轻人去做以前不敢做的事，本身就是克服恐惧、建立信心的良方。唯有去冒险和尝试，才是实现人生意义的最佳途径。古今中外，有许多伟人给我们树立了榜样。无论是哥伦布发现新大陆还是阿姆斯特朗在月球的火山粉尘上印上的那个脚印，都凝聚着人类伟大的冒险精神和奋进力量！李时珍走遍名山大川，不怕自己中毒，冒险尝遍了百草，写出了著名的《本草纲目》。人类的好奇，产生冒险的冲动，人类的冒险，点燃了文明的火炬。在人类探索宇宙，探索自然的过程中，如果没有一代又一代的先驱冒着失去生命的危险，抱着英雄般悲壮的精神，依然坚决地向未知探索，人类探索未知世界的步伐能持续多久？正是因为人类的血液中沉淀着勇于冒险、敢于奉献的精神，才不断鼓舞着后人继往开来，人类的文明才能持续繁荣，一个个伟大的人物才得以横空出世。

人在年轻时一定要培养自己的冒险精神，如果一个人年轻时遇到困难的事不敢面对，那么在他以后的人生路上要是再碰到同样的事还是会畏惧，那么他就永远不会得到提高。当一个二十多岁的人鼓起勇气做了一件曾经让他害怕却有意义的事情，那么他就已经进步了，提高了。当他坚定地走出了第一步，去进行有意义的冒险时，相信在不久的将来，他必然会成为一位充满信心、勇气十足的“勇士”。

机会总是留给那些有准备的人

年轻人一定要知道，有机遇，就会有风险。面对机遇时，如果我们过分审慎，瞻前顾后，就容易错失良机。我们要做的事就是先把机遇抢过来，然后再逐渐排除风险，才有很大机会获得成功。二十几岁的人里，大多数人是有成功的想法的，也曾经有各种各样的机会，只不过大多数人面对机遇时总免不了畏首畏尾，结果不是错失了时机，就是走晚了一步，落在了别人的后面，更有甚者永远也没有出手，结果导致一生遗憾。

我们中的很多人都希望得到财富，也不是不知道该怎样做，而是不敢真的去做。就是这样的胆怯让我们错失了一次又一次的机会，最终一生颓废。面对生活中的机遇，很多人不去想一万，而去想万一，万一失败了，我将一无所有；万一失败了，我连平稳的生活都没有了；万一失败了，我将没有勇气继续活下去，越想越可怕，人生无数的可能性在这种犹豫和等待中化为乌有。

其实，生活中的万一是很少的，我们完全可以把这种万一用自己的智慧排除掉。面对机遇，浮躁莽撞固然不可取，裹足不前却有更大的风险。炒股固然可能输掉你的本钱，但让钱待在银行里，你的钱财最终肯定要被通货膨胀吃掉。前者只是可能输掉，后者却是一定贬值，所以长期来看，钱财待在银行里，是风险最大的。跟这个道理一样，永远不冒险的人，一生中会冒最大的风险。想一想那些一生都勤勤恳恳工作，最终却只能拿着有限的保险金过活的工人们吧，他们一生从没冒过险，但他们的生活是多么危险啊，只要有点病或者遇到重大事故、失业，他们甚至连自己的生活都自顾不暇。而那些一生都在冒险的商人，他们不断冒险，不断失败，但他们中的不少人却成功了，除了那些中途放弃的人，多数坚持的人在晚年都过着悠闲富裕的生活，他们不怕失业，不怕病症，不怕自然灾害，生活中的风险要比那些不敢冒险的人少得多。

人生就是一次大冒险，面对有风险的机遇，我们要做的就是第一时间把机遇抓住，而不是先算计清楚，再决定抓不抓住这次机会。如果我们没有必胜的把握，或者风险大过了你的承受能力，或者风险与收益不成比例，或者条件真的不成熟，我们也可以到时再决定把这次机会拱手让给别人。而绝不是等待万事俱备后，再抓机遇，因为那时机遇也许就被错过了。事情永远都在发展，该出手时不妨就出手，条件成熟了，就会有更多的人来抢机遇，那时机会就不再属于你了。

19世纪80年代，人们在利马地区发现了一个大油田，但因为油田出产的石油含碳量高，被人们称为“酸油”，当时还没有有效的方法对它进行提炼，所以“酸油”的售价很低，只卖15美分一桶。而当时正常的石油售价是1美元一桶。当时的石油大王洛克菲勒认为总有一天会找到方法提炼这种石油，所以执意要买下这个油田。但遭到了董事会的反对，但他却宁愿自己冒更大的风险，个人拿出了300万美元，同时说服了董事会执行这一决策。

两年后，这种“酸油”终于有了提炼方法，油价一下子涨到了1美元，他的公司在利马建造了全世界最大的炼油厂，赢利猛增了几亿美元。

如果洛克菲勒等到“酸油”有了提炼方法，才去买利马油田，相信不仅他付出的代价更大，而且利马油田将不是仅被他一个人看中，而是有了更多竞争者，这就不是钱能够解决的问题了。

面对机遇，眼光和审慎的态度固然重要，然而，一味审慎，不断地核算利益与成本、风险和收益之间的关系，却会让我们丢掉机遇。要保证任何事情都万无一失是不可能的。万事俱备的结果很可能是东风已经刮过去了，所以，东风一来，即使我们还有些小准备没有做完善，也必须马上借着东风启航，一边开战一边做准备。

大多时候，我们对于机遇的把握，不是凭着精密的算计，而是凭着多年的经验，凭着直觉。机会来了，你就要感应到，而一旦你拿起自己的金算盘算出了结果，往往机会已经走了。所以，在直觉感到机会来的时候，马上抓住它，掌握住机遇，再做周密计划，既不盲目乐观，又不灰心丧气，准备好几套应对方案和应急措施，就会把风险降下来。

二十几岁机遇很多，即使失掉了一次，没关系，我们还有下一次。不要为已经失去的或者不属于你的机遇遗憾和叹息。我们要做的，就是在今天努力做准备，抓住明天将要出现的机遇。在今天积累经验，凭着今天的经验，在第一时间直觉地判断出明天出现的那个机会是机遇还是陷阱，判断出自己有没有足够的能力把握住它。

崇尚冒险，登上人生顶峰

人的一生中充满了冒险，尤其是二十几岁的时候。生活中的冒险就是勇敢地跳下悬崖，在下坠的过程中不断地为自己编织翅膀，振翅高飞。每个人年轻时都面临着这样的冒险，没有冒险，生命怎能充满激情与繁华，又有哪个人愿意谨谨慎慎地过一生？勇于冒险能为你的人生带来意外的惊喜，就像秋天清晨的路边，能赫然看到沾着露水的花朵，你的心神便可以随它清新绽放。

如果你想去什么地方，那就不能坐着不动，一定要有所行动才行；如果你不愿自己从温室里探出头来，就不会有所成长。人年轻时不冒险，就不会有收获。每当你与别人分享内心最深处的情感时，就要冒被别人背叛的风险；每当你把自己投入互动的人际关系中时，就要冒被拒绝的风险；

每当你要表达自己的见解时，就得冒被批评的风险。

每一个人都必须借着桥，才能走到另一岸的陆地，所以人只有不断冒险，努力地跨越障碍，才能走上专为你准备的康庄大道。假如你一直避免去冒险，那就只好过着远离优越的生活，并且这也会限制你的成长。你会发现，冒险会为你的生命带来前所未有的富足和充裕，正所谓“自古富贵险中求”。过去，当人们谈起美洲的时候，总要提起哥伦布。正因为哥伦布的勇于冒险，才发现了美洲大陆。

1492年8月3日清晨，年轻的哥伦布带领着87名水手，驾驶着3艘帆船，离开了西班牙的巴罗斯港，开始了人类历史上第一次横渡大西洋的壮举。在海上航行了2个月零9天之后，哥伦布与他的水手们终于到达美洲巴哈马群岛的华特林岛。哥伦布把这个岛命名为“圣萨尔瓦多”，意即“救世主”。哥伦布踏上了他当时误认为是“印度群岛”和“日本”的新大陆，并在美洲游历了一番，而后返回了西班牙巴罗斯港。

回来以后，年轻的他顿时成了英雄，受到西班牙国王和王后的隆重接待。在一次庆功宴会上，有人高声说道：“我看这件事不值得这样庆祝。大陆是本来就有的，并非哥伦布所创造。只要坐船一直向西航行，谁都会有这项发现。”

这时，哥伦布笑着说：“你讲得似乎很对，其实不然，我们不妨一试。”说着，他顺手抓起桌上放着的熟鸡蛋，接着说：“各位试试看，谁能使熟鸡蛋的小头朝下，在桌子上立起来？”大家纷纷拿起面前的熟鸡蛋试着，但谁也没能把它立起来。于是那位绅士得意扬扬地说：“既然哥伦布提出了这个问题，那就让他自己试试吧。”全场的眼光都朝哥伦布看过来，只见他手握鸡蛋，小头朝下，“啪”的一声敲在桌上，手一松，那蛋就牢牢地立在桌上了。那人高叫起来：“这不能算，你把蛋壳磕破，当然可以立住。”这时，哥伦布正色说道：“对！你和我的差别就在这里，你是不敢冒险、不敢磕，而我是敢冒险、敢磕。”

这就是冒险的力量，如果没有哥伦布的冒险精神，他就不会登上人生的至高峰，历史上也会少了一段精彩。善于冒险的年轻人脚程总是比别人快一步，能主动寻找所有可以突破的机会。他们像登山者、冲浪者，而且冲浪的范围不只是外面的海洋，还有自己内心最深处的海洋；攀登的不只是外在的喜马拉雅山，而是在探索内心最高处的山峰。涉世之初的人要勇于冒险，要勇于向前冲，要闯出一条自己的光明大道，从风霜雨雪到枪林弹雨。对这样的人而言，没有什么无法克服的困难，没有什么无法超越的现实。勇于冒险的人天生就是一个胜利者。

身为人，永远别忘记冒险的艺术，永远、永远别忘记。要维持你冒险的能力，每当你有机会冒险，千万别错过。唯一能保证你真正创下一片天、拥有辉煌未来的方法就是去冒险。人生就是一艘游荡在生命长河中的帆船，会经受风雨洗礼，也会享受艳阳高照。

人年轻时总会经受许多风浪，浪头汹涌无比，让你胆战心惊，患得患失。但是，真正掌握命运的是你自己，是你的冒险精神！你既可以让它从风浪中走出，又可以任它被浪头击倒，陷入历史长河的旋涡里，这一切的主宰，正是敢于冒险的你。

心思缜密，沉着应对风险

众所周知，财富是伴随着风险而来的，把一次机遇变成一次成功、利益或收获不菲的成果却不是那么简单的事。最重要的就是能够把风险排除掉，这在很大程度上要靠周密的计划，靠着遵循规律，才能够减小风险。

人生很多时候就像赌玉，在石头锯开之前，没有人敢百分之百确定里面是藏着巨大的惊喜还是一无所有。但是，长期赌玉的人都知道什么样的石头有藏玉的可能。看色泽，看纹路，看裂缝，看润泽程度，这些规律可以在很大程度上避免你的损失。藏在石头里的玉尚且有章可循，何况人世间的事情呢？规避风险也有其规律。

第一，只冒该冒的险。不是所有的事情都值得我们冒险一试，也不是所有的利益都值得我们放弃已经到手的财富。我们要明确哪些险是值得我们冒的，我们冒了这样的险，收益会不会很大。如果一件事不仅仅是冒险，而是一定会失败，这样的事我们一定要放弃。比如，通过某种方式，我们会快速拥有大量财富，但是这种行为是违法犯罪的，这样的险显然是不值得的。犯罪唯一的后果就是被逮捕，无论何时，不被人发现的可能等于零，所以，犯罪不是冒险，犯罪行为也不是具有风险的行为，而是绝对不能做的行为。除此之外，还有很多事情不值得我们冒险，比如，风险很大，而收益却不大，风险与收益明显不成比例的事情，我们不值得为很小的利益冒很大的风险。马克思在他的著作中说："如果有100%的利润，就会有人冒坐牢的风险；如果有300%的利润就会有人冒被杀头的风险。"除非利润足够，否则我们不应该冒太大风险。再者，这是一种夸张的说法，即使达到1000%的利润，我们也不能冒杀头的风险。

第二，用周密的计划降低风险的系数。每次抓住机遇之后，投资之前，我们都有必要做一份周详的计划。要先了解一下可能遭遇的风险，并针对每种可能发生的状况预先设想应变的方案，这种方案最少要有两套，以便一个条件不成熟时，启用另一个应变方案。在这个过程中，我们要不断分析盲目冒险的成分有多少，成功的概率有多少，成功后的报酬有多少，并不断地调整，尽量把所有风险都掌控在自己的手里。在冒任何风险之前，我们最好都要列出一张风险报酬评估表，将所有因素加以衡量，把所有可以化解的风险因素做好备案化解掉，衡量所有不可能化解的风险，把它和报酬相比较，如果发生最坏的情况，我们能够承受，并且按照一般的状况，我们的收益值得我们所冒的风险，我们就应该冒这个风险。凡事做最好的打算，也要有最坏的准备，不到关键时刻不要斩断自己的后路，不要做"背水一战"这样的蠢事。不是所有事情、所有人都适合"置之死地而后生"，我们要做的就是以最小的风险和成本博取最大的利益。

第三，准确预算自己的心理承受能力。每个人的心理承受能力都是不同的，有人做生意赔掉了几百万元，却认为自己还可以赚回来，还保持着乐观；而有的人丢掉了一百块钱就心疼得吃不下饭，赔掉几千块钱的风险更是让他焦虑、不安、恐惧。即使可能挣再多的钱，精神一直处在高度紧张之下，处在崩溃的边缘，决策怎么能够正确，心理又怎么能够健康呢？除了精神因素以外，客观的生活条件也影响一个人的风险承受能力，如果一个人总存款只有1万元，让他把所有钱都拿出来冒险，甚至借更多的钱进行风险投资，一旦失败，他将背负几十万元的债务，他会这样做吗？大多数人都不会，只有一个人的客观条件允许他冒险，他才会承受风险。一个人只有在主观上愿意冒险，客观条件也允许他冒险，风险才不会对他造成伤害。任何人都有承受风险的限度，一旦超过限度，风险就会变成一种负担。

20岁以后，我们要学着把握机遇，更要学着化解风险，只有把这两项都学会了，学精了，我们的能力才算是到家，我们才有把握赚取到人生的第一桶金。

第 09 章

活在当下——抓住眼前的每一个机会

今天的年轻人可能会迷茫，觉得自己机会不多，但每个人都有自己的机会，尤其是20岁的年轻人要善于把握机会，迎难而上，果断出击，这样才能有所作为。抓住机会的年轻人，比起同龄人可谓是实现了人生的三级跳。

谋事在人，成事亦在人

很多年轻的人在社会上闯荡两年，仍然在贫苦的境遇中挣扎，没有太大的起色。他们时常感叹：人的命，天注定。自己生下来就是一个穷命！殊不知，生而富有的人实属少数，许多亿万富翁用他们的人生经历演绎了从一贫如洗到坐拥亿万家财的过程。由穷到富的转变，是大多数人希望改变命运的人生轨迹，而这些富翁，可以说是其中的佼佼者。查尔斯·刘易斯就是其中的一个。

很多年前，美国穿越大西洋底的一根电报电缆线因破损需要更换，这则小消息平静地传播在人们之间。但是一位不起眼的珠宝店老板却没有等闲视之，毅然买下了这根报废的电缆。没有人知道小老板的意图，认为他一定是疯了，异样的目光围绕着他。小老板关起店门，将那根电缆洗净、弄直，然后剪成一小段一小段的金属段，然后装饰起来，作为纪念品出售。大西洋底来的电缆，还有比这更有价值的纪念品吗？

机遇带来财富的神话在这个小老板的身上再次上演，一根报废的电缆，在大多数人看来，毫无作用，甚至只能作为垃圾处理。而在他的眼里，却潜藏着巨大的商机。由此，他挖掘到了自己人生的第一桶金。随后不久，他又买下欧仁皇后的一枚钻石，淡黄色的钻石闪烁着稀世的光彩。人们不禁要问：他是自己珍藏还是抬出更高的价位转手？他不慌不忙地筹备了一个首饰展示会。观众当然是冲着皇后的钻石而来。

可想而知，梦想一睹皇后钻石风采的参观者会怎样蜂拥般地从世界各地接踵而至。他几乎坐享其成，毫不费力就赚了大笔的钱财。他就是美国赫赫有名的享有“钻石之王”美誉的查尔斯·刘易斯，一个磨坊主的儿子。

对于那些憧憬着快速致富的人来说，机遇是上帝的别名。当它来到你身边时，你首先要看到它，然后才能是利用它。生活中那些目光敏锐、头脑灵活的人，总能在机会的身影还若隐若现时，就做出自己的判断，并积极地行动。拥有上千家假日酒店的威尔逊曾说：“机遇是经常有的。对于机遇，只要你学会经常用耳去听，用眼去看，用手去摸，用脑去想，你就会感觉到它来敲你的门。”“抓住机遇”这句口号在日常的生活中经常能够听到，有人说：“机遇青睐有准备的人。它不相信眼泪，它与怯弱、懒惰无缘。”也有人说：“机遇稍纵即逝，目光敏锐、勇敢果决者常常能获得它。”其实，机遇并没有戴着有色的眼镜，它对任何人都是平等的，能不能抓住它，主动权在你自己手里。

1865年，美国南北战争宣告结束。但由于总统林肯被刺身亡，美国人民沉浸在欢乐与悲痛之中。这时，在铁路部门工作的卡内基意识到:战争结束后，经济必然复苏，经济建设必然需要大量的钢铁。因此，他义无反顾地辞去了报酬优厚的工作，组建了联合制铁公司。当美国打败墨西哥之后，便决定在加利福尼亚州修建一条铁路。随后，又批准修建另外三条横贯美洲大陆的铁路线。而且并非只有这几条铁路线，各地纷纷申请铁路建设，规模达到了数十条，而这一切都需要大量钢铁的支持。因此，卡内基在联合制铁厂里矗立起一座当时世界最大的熔矿炉，并聘请化学专家到厂里检验买来的矿石、灰石和焦炭的品质，从而达到了产品、零件及原材料的检测系统化。随后，卡内基大力整顿经营方式，使各层次的职责分明，生产水平大为提高。

但是，经济的迅猛增长势必会有缓冲或回落的时段，卡内基根据社会发展状况，预料到了那一天的来临。因此，他事先买下了英国道兹工程师

"兄弟钢铁制造"专利和"焦炭洗涤还原法"的专利。当1873年的经济大萧条来临之际，银行倒闭，证券交易所关门，铁路工程支付款被迫中断，一切生产都好像戛然而止，许多公司在经济大萧条中倒闭，而卡内基凭借事先买到的专利，能让公司依然正常运营……

在经济萧条的年代，大多数人看到的只是眼前一派衰败的社会现实，很少有人从社会的大发展方面看待事情，因此与千载难逢的好机会失之交臂。卡内基没有随大溜，他从社会的不断变化中认识到，什么事都会有高潮和低谷，低谷过后，经济又会得到快速回升和发展。因此，他又向钢铁制造方面追加了投资。经济大萧条很快就过去了，经济再次得到快速发展。当其他公司开始正常生产的时候，卡内基已经抓住了主动权，公司生产的钢材和钢轨等在同等货源短缺的情况下被大量订购，他从中赚到了高额的利润。经过十几年的经营，卡内基开始拥有垄断钢铁产业的实力……

我们常说"谋事在人，成事在天"，而对于始终追求财富的人来说，"谋事在人，成事亦在人"。他们不会抱怨社会的不公，而且在仰望远处的高山时，也关注脚下的矿石，做一个善于识别机会和发现机遇的智者。

那些亿万富翁能像滚雪球一样让自己的财富越聚越多，大多是因为他们看清了机遇创造财富的秘诀：机遇就是指在特定的时空下，各方面因素配合恰当，产生有利的条件。谁能最先利用这些有利条件，运用手上的人力、物力从事投资，谁就能更快、更容易地获得更大的成功，赚取更多的财富。也许你只是平凡生活中的一个小人物，每天接触的也只是一些琐碎的事情。然而，只要你心存致富的想法，练就一双发现机遇的眼睛，你同样有机会创造自己的草根创业传奇。

忍耐暂时的辛苦，等待机遇

无论何时，一个人都可能遇到自己梦寐以求的机会。20岁出头，一个人的机遇，也有很多，只是我们很难发现它。怎样发现自己面前潜藏的机会？我们只有把眼光放长远，才能够忍受暂时的辛苦，获得更多的机遇。

很多时候眼光就是一切，在赚钱方面更是如此，不要以为我们年轻，还没有一定的资本，更别提社会关系，机遇不会光临我们。这样的想法大错特错，只要我们有一定的眼光，进行一定的投资，就会有意想不到的收获。在有眼光、有财商的人眼中，任何一件事都是一个可以赚钱的好机遇。

发明迷彩服的大富翁菲勒，他在77岁高龄时，让秘书在媒体上发布了这样一条消息："我快要到天堂去了，乐意为失去亲人的人带口信，每人收费100美元。"虽然此事荒诞不经，但仍有不少人怀揣好奇之心，前后有一千多个人付给他款项，托他捎口信。同时他的遗嘱也与众不同，同样是让秘书登广告："我是一位绅士，愿意同有教养的女士同享一块墓地。"结果，果真有一位贵妇人同意资助5万美元，伴他长眠于地下。

在菲勒的眼中，遍地都是财富。即使一件平凡无奇的事，一件废弃的东西，在他的调度之下，也会成为赚取财富的资本。有了这样的眼光，所有的事都会成为他变得更加富有的机遇。对于刚刚步入社会的我们来说，我们自然还不具备这样的"财富眼"，但我们要学会锻炼自己的财商，正如一个人的智商可以通过学习和锻炼得到提高一样，一个人的财商与眼光也是需要锻炼的。这样的锻炼，往往需要我们付出更大的代价，甚至暂时牺牲很多本来可以得到的利益。正像俗语所说的一样"若想得到，必先舍弃"，我们也要学会丢弃芝麻，才能够捡到西瓜。

有一名送外卖的男孩，他每天要送出六百多份外卖，工作非常辛苦，但他却一直没有离开他的工作岗位去寻找更能挣钱的工作。因为他觉得这份工作能够让他更熟悉这个城镇的生意人的生活，也能够让那些老板们更加熟悉和信任他。这份工作他坚持了六年，一直只挣三四百元的工资。但是，六年后，这个男孩成立了自己的家政公司，在这个小城，家政公司很多，竞争异常激烈。但自他开业后，生意一直爆满，因为六年来，男孩熟悉了数千位生意人的生活，熟悉了他们的需要，而且他们也熟悉、信任这个男孩。

于是，一个名不见经传的小男孩，就这样在城市闯下了一条道路。他凭借的仅仅是一个送外卖的机遇而已。二十几岁，也许我们的工作微不足道，但只要我们把每一份工作当作一次机遇，从每一件平凡的事情中锻炼自己的眼光，就能够很快发现机遇，获得财富。没有发现机遇的眼光，即使机会就在面前，我们也会视而不见；而目光短浅，只看到眼前的利益，却会让我们失去成就大业的机会。有多少人转战职场，只为了多一点点薪水，就把在原单位的人脉丢掉？有多少人只为了眼前和某个人争斗，只为斗气，而错失了自己发展的良机？有多少人为了抓紧眼前得到的东西，而不舍得放手去搏更大的利益，最终失去了本该得到的东西？

二十几岁的年轻人啊，把目光从享受上移开，关注更重要的东西吧，否则，你会陷入不得不工作的泥潭，忙碌而潦倒地度过一生。把眼光放长远一点吧，我们会得到更多获取财富的机遇，成为一个充实而成功的人。

有些机遇是“人为”创造的

作为一个将要步入社会的年轻人，我们一定要明白，机会总是在和别人打交道的过程中得到的。无论是获得信息还是寻找帮助，都要和别人打交道。好的人际关系是机遇产生的前提。如果别人愿意帮助你，你就有了一次千载难逢的机遇。而如果你总是信奉单打独斗的原则，机遇就会离你远去。

天时，地利，人和，好的机遇才会出现。有人认为好的机遇属于天时，其实不然，天时也可由人和造就。关键时刻有人为你说一句好话，说不定你的机会就会到来。有时候，朋友说的一条新闻，说不定就会成为你创业的源泉。所以，不要忽视身边的每一个人，乐于和别人打交道的人，才会得到更多机遇。

金某是一位年轻的木制用品推销员，有一次，他和一位同事去推销产品，恰逢这位老板刚刚买完一季度的办公用品，办公室不再需要木制品。同事在和老板谈天时，金某认识了一位打扫卫生的大妈，和她攀谈了一会儿。

不久，同事出来，告诉他这家公司不需要购买产品，大妈惊奇地说：“经理家不是打算买一批好的木制家具吗？不知道你们有没有？”金某转身拉着同事上了楼，不久，经理爽朗地笑道：“没想到，你们消息这么灵通，连我家缺家具都知道，好吧，我决定买你们的产品。”不久，因为这一次成功的交易，那个老板连办公用品也换成了这家公司的。后来，公司打开了市场，很多知名的大企业也纷纷改用他们的木制品。

所有的市场不过是因为一个偶然巧合的机遇，而所有的机遇不过是因为和一个清洁工的几句聊天。所以，尽可能大地扩展自己的交往半径，我们就可以获得更多的机遇。研究表明：一个人和世界上的任何人之间只隔着六个人。不管他们之间有着怎样大的差别。也就是说，通过六个人，你甚至可以联系到美国总统。而构成这个奇妙六人链的第二个人，一定是你认识的——也许是你的父母，也许是你的同学，也许是自己不经意间认识的一个朋友，也许是在你公司清洁的阿姨。

通常我们所谓的“贵人”和“机遇”，就是在适当的时间出现的适当的人与事的组合。只要这些人与事或时机能够帮到你，就是一次千载难逢的机遇。虽然我们无法知道这种完美巧合何时出现，我们却可以通过拓展人脉，来给自己创造更多的可能。也就是说“机遇”这种可遇而不可求的物质，它由“天时”“地利”“人和”等元素组成，我们唯一可以控制的只有“人和”。通过和也许是微不足道的小人物交往，我们也会得到很多有用的信息，以此来制造很多机遇。

当然更多的机遇是那些“富人”才可以提供给你的，尤其是赚钱的机遇。但是，“富人”们都有自己的交际圈，在他们的眼中，往往不会有我们这样的小人物。怎样结交比我们优秀的那些“大人物”呢？要知道，虽然金钱几乎无所不能，但“大人物”也有遇到急事，需要别人解围或者帮助的时候。这时候，只要伸出你的手帮助他们，你就可能获得他们的友谊。当然不仅如此，如果你善于利用的话，你还可以获得他身后庞大的人脉资源和提供给你的不错的机遇。

MySee网站总裁高燃的人生转机，就蕴藏在一次采访中。当时，高燃在《经济观察报》做一名财经记者，但他已经有了自己创业的初步想法，他曾拿着电子商务的计划书在电梯中堵过杨致远，但没有结果。这次他们几名记者要采访几位重量级人物，几名记者都把话筒对准了几位“海归派”，冷落了当时的民营企业家远东集团董事长蒋锡培，使得他万分尴尬。高燃看到这一景象，忙问了蒋锡培几个问题，为他解除了尴尬。采访结束后，高燃向他讲明了自己的请求，蒋锡培一口答应了他，虽然后来因为公司股东的一致反对，蒋锡培没能带给他预想的1000万元的款项，但他以个人名义借给他100万元的启动资金，说：“这个项目有风险，但你这个人没有风险。”虽然后来那个项目以失败告终，但锻炼了他很多方面的能力，2005年2月，高燃遇到了当年的清华同学邓迪，两个人合并了公司，创立了MySee网站，12个月后更是融进了1000万美元的风险投资。

可想而知，如果不是当初高燃为蒋锡培解围，他很可能会被忽视，而高燃自己的事业也很可能因为资金短缺而半途而废。尽管那只是一个微小的机会，但因为他善于体察别人的困境，善于与人打交道，而获得了一次被赏识的机会，所以获得了成功。我们要想拥有更多的机遇，除了自身必须过人的本领之外，我们还必须学会更好地跟别人打交道。而一个二十几岁的年轻人注定比中年人有着更多交往的优势，我们要学会更有效地与人交往，寻找更适合的机遇，才能够获得更多的财富。

学会做自己的伯乐

每一名年轻人都不想做怀才不遇的千里马，然而，世界上怀才不遇的千里马还是越来越多。韩愈在《马说》中认为：千里马常有，而伯乐不常有，因此，千里马通常“祇辱于奴隶人之手，骈死于槽枥之间”。现在是一个开放的时代，所有的千里马都有机会展示自己，而不用靠一个人的施舍或赏识，才有机会。年轻人要学会做自己的伯乐，适时把自己推出去。主动寻找机遇，才是一个新时代的年轻人首先要学会的事。

韩愈认为，千里马被埋没的原因有三：第一，没有伯乐的赏识，辱于奴隶人之手；第二，千里马一顿要吃一石粟，饲养的人不知道，千里马吃不饱，力气弱，能力特长也施展不出来；第三，驭马时，不能按照规律，不明白马哀鸣的意思，所以，最终名马被埋没，甚至死掉。对于人才来说，被埋没的理由按照《马说》的比喻也有以下几个：第一，遇到不好的上司，在其手下工作，自己的特长无法发挥；第二，待遇不好，或者职位不合适，发挥不出自己的能力；第三，世人不能明白自己的志向，上司不知道自己叹息中的寓意，事情不能按照自己说的做和发展，因此往往事与愿违。所以，机会常常从自己身边溜走，自己也总是怀才不遇。常常叹息自己怀才不遇、难展抱负的人，即使绝好的机会在自己面前也会悄悄溜走。通常叹息自己怀才不遇的都是哪些人呢?

通常他们很有才情，但情绪外露，也就是所谓的“愤青”。一个连自己的情绪都控制不好的人，喜怒形于色，常常悲观愤怒，这样的人，任何一个有理智的上级都不敢招惹，更不会赏识。所以说，这样的千里马不是没有伯乐赏识，而是根本不可能被任何伯乐赏识。想一想自己提拔一个“怀才不遇”的千里马可能引起的后果吧，也许因为他的愤怒，他的多嘴多舌引起同事的不满；也许因为他的不知轻重，给自己得罪了不少人；也许因为他的自视过高，使工作各方不能协调，工作不能顺利进展，所以还是不要赏识，不要提拔他比较好。

如果我们不是这类的怀才不遇者，只是因为企业的用人制度有问题，或者真的遇到了嫉贤妒能、能力低下，还喜欢争功诿过的上司。跳槽吧！尽管每个公司都有自己的缺陷，找到自己能够接受公司的缺陷，公司也能够接受你的缺陷的企业，是可遇而不可求的，能找到一个可以展现自己的舞台，是一种运气，但做适合自己做的事，我们才能尽快地怀才“而”遇，如果你是一名计算机高手，却被派去做泥瓦匠，相信你大概不会有机会出头。只有在擅长熟悉的领域做事，才可以让你拥有更多机遇。

再者，有很多怀才不遇的人自视甚高，仗着自己有一技之长，喜欢在关键时刻“卡别人的脖子”，最终导致自己难以被别人接受，才导致自己怀才不遇。当然，他本身并不知道自己有这种职业缺陷，这更值得年轻人警醒和借鉴。

韩总在一次私人聚会上，认识了一位在国企IT部门上班，已年过四十的清华毕业生。经过一段时间沟通了解，韩总发现此人很有能力，尤其对计算机非常精通，而且雄心勃勃，从对话中也感觉不出此人有什么品质问题。

韩总认为这位有才之士发挥不出才能可能是体制的原因。所以就想借用一下这位怀才不遇者的计算机才华，于时便和他沟通，准备让其做一些具体工作。随后韩总发现这位怀才不遇者思路敏捷清晰，并且做了一整套工作规划，还附带有时间进度表，非常专业，此时韩总感觉此人真是位难得的人才！于是就决定让他兼职独立开发一套对企业来说不是十分紧迫但比较重要的数据库系统。

工程初期，工作进展迅速，韩总十分高兴。但是随着项目的推进，开发速度渐渐慢下来了，这位怀才不遇者开始推托说是工作忙，顾不过来，之后工作速度越来越慢，最后在韩总的催促下，这位仁兄提出了采用最新设备，需要衍生出大批的维护费用等，结果，八九个月过去了，这套数据库系统始终没有完成。而且因为没有设计任何输出端口，就应该把密码告知韩总，然而这位怀才不遇者自始至终找各种借口搪塞，就是不吐一字。

最终韩总只好就此放弃这套数据库系统。就这样前前后后折腾了一年多，费用花费了不少，还没有干成任何事情。韩总自嘲："我算是被这位怀才不遇者套住了，关键的时候卡我脖子！所以，我还是尽快止损，让他套点利算了。"同时庆幸："幸亏当初没有把此人正式调过来，要不然还要付出更多的成本。"

其实从上述事件中，我们发现这位怀才不遇者犯了一部分专业技术人才通常所犯的毛病，那就是靠自己的专业技术在关键的时候"卡脖子"。而且想"卡脖子"又不直说，让被卡者慢慢去悟，明白了赶紧"上供"，不明白就继续卡你，明白得越晚，让你付出的代价越高。那位怀才不遇者之所以最初要的待遇条件很低，也不是他的本意，而是诱你上钩，一旦钩住你，就开始从你身上一块块往下撕咬，贪得无厌。

有这样职业缺陷的人，不但在职场做不好，怀才不遇。即使是自己做事业，也会因为他的贪婪无度，在关键时刻卡别人而使自己的事业无法维系。想一想，谁想和以自己的优势卡别人的人合作呢？所以，怀才不遇一般是有一定原因的，它固然和外在环境有一定的关系，却不是必然的。如果我们想要过得更好，还要在自身内部寻找原因。一个人应该重视自己的承诺，如果你不满意自己的待遇，尽量在做完一阶段工作后再提出，也强过在关键时刻"卡别人的脖子"，这很不道德。如果有这样的想法，你会一生都怀才不遇的。

二十几岁，我们可能会由于一时的原因不能施展自己的抱负。但是，是金子总会发光的，即使暂时遇到了不可抗拒的困难，我们也不要明珠暗投。只要我们主动寻觅机遇，不断磨炼自己，终有一天我们会实现自己的价值。

可以说，今天的社会形势比以往任何年代都要自由，也有更多的机会，就看我们能不能利用好，不做怀才不遇的"千里马"，我们一定要主动掌握和创造更多机遇，做自己的伯乐。即使暂时怀才不遇，我们也一定要相信自己必能做出一番大事业，正所谓"长风破浪会有时，直挂云帆济沧海"。

迎接挑战，机遇与风险并存

二十几岁的年轻人一定要明白，机遇同时也意味着挑战，它是与风险共存的。无论你是想获取财富，还是想得到名望和地位，或者想过平凡的生活，无论什么样的目的，只要有机遇存在的地方，就有风险，你就要迎接挑战。而一个善于利用机遇的人，会把所有的风险降到最低，把机遇彻底变成成就。

机遇有可能几年、十几年甚至几十年才会降临一次，并且竞争者众。同时，机遇也意味着要把一个人推到众人面前，推到财富面前，推到地位面前，这样的事，是每个人都渴望的。那就意味着，在机遇面前如果你成功了，就会一朝闻名天下知；如果你失败了，等待你的也将会是残酷的打击。机会是一个向众人展现自己的舞台，舞台风光的背后是对自身承受能力，对风险承受能力的一种考验。只有我们勇敢地迎接这种挑战，才有达成自己目的的可能，而一味地退让，只能让机遇从自己面前溜走。

自信把握机遇，利用机会成功，是一件有风险的事，只有我们有能力把风险降低，才能保证自己不会陷入尴尬，也才能好好利用机会。

梅兰芳在出名以前，一直在北京唱戏，没有得到南方民众的认可。当时流传的习俗是不到上海不能成名角，就在这时，曾和他同台演出的名角谭鑫培老人给了他一个机会，要他去上海演出，决定原本由谭鑫培压轴的大戏，改为由自己压小轴，即倒数第二个曲目，而由梅兰芳压大轴。

当时，如果能压好大轴，梅兰芳就可以算功成名就了。但是，压轴并不是一件简简单单的事，一旦失败，梅兰芳想再让观众认同可就难了。梅兰芳并没有犹豫，但也没有盲目自信，他立刻找来了自己的幕僚为自己出谋划策。比如，上海观众喜欢什么风格的戏，怎样的戏可以避免吃力不讨好，怎样演才会让人难忘。毕竟，这是他在上海第一次唱戏，必须把各个环节都做到完美才可能取胜。

结果，他选择了上海人喜欢的热闹的武戏，其中既有打又有闹，又有眉目传神的表情戏——很少有人演过的《穆柯寨》。然后在演技方面请教名家，指出他的缺点，结果，他从没演过贴扎靠（穆桂英背后的旗子）的戏总是习惯低头，临时改是来不及了，于是由一个人坐在离戏台最近的地方提醒他，一旦他低头了，那人就打开扇子。两天两夜的谋划下来，确实为他提出了不少好点子，从选曲目，到表演细节，到邀请贵宾，都有幕后策划人的功劳。

结果，梅兰芳就凭着一出《穆柯寨》在上海一炮走红，继而风靡了整个江南。如果没有谭鑫培给他提供的机会，梅兰芳的戏不可能那么快唱到上海，而没有他的扎实基本功，这次演出就会毁于一旦。如果没有梅兰芳及时把握机遇，迎接挑战，他可能只能唱到北京。如果没有幕后的策划，降低了失败的风险，仅凭梅兰芳一个人，他或许可能不会一败涂地，但至少不会那么快风靡大江南北。

所有的机遇都隐藏着一定的风险，如果我们善于利用机遇，规避风险，就能够快速地达到目的。所有的机遇同时也是障碍，这就要看我们从什么角度去理解，只要我们足够乐观，拥有足够的智慧，就能把障碍变成机遇，把压力变成动力，把风险化为财富。

1835年，犹太人约瑟夫投资了一家火险公司，这家保险公司的规则是：顾客发生大火灾时，公司得赔付预先确定比例的钱；假如不出火灾，当然是稳赚不赔的生意。投资这种公司，出钱并不重要，重要的是公司向客户的承诺要切实得到履行。他投资火险公司后不久，纽约发生了一起特大火灾事故。很多同行认为自己要赔大了，纷纷低价转让股份。然而约瑟夫剑走偏锋买下了所有股份。当然，为凑够赔付的钱，他甚至卖掉了经营多年的旅馆。不久，他就到纽约赔款，还清了债务。这之后，公司信誉提高了，约瑟夫把保险金提高了一倍，但是还有很多客户在他的公司投保。于是，在这场火灾中，约瑟夫不但没有赔钱，还净赚了15万美元。

虽然冒了不小的风险，但约瑟夫抓住了这次机遇，好好地利用了这次火灾提高了自己公司的信誉，在商场上，信誉也是一种财富。相比今天某些保险公司在赔付方面一直拖拖拉拉，甚至于减少赔付额，不予赔付等，约瑟夫的眼光是多么长远，又多么善抓机遇啊。要知道如果有一个客户对你的赔付态度不满意，你就会失去潜在的十个客户，每个人至少都有十个亲朋好友吧。机遇也是挑战，只有善于把握机遇、利用机遇的人，才会把梦想变成现实，而那些不想付出，不想冒险的人，只会错失良机。

二十几岁的年轻人一定要明白这一点，一定要善于利用机遇，才会成功。机遇并不是财富，机遇也不是名利，机遇只是一个切入点，只有利用得好，你才会得到想要的一切。只有把机遇看成挑战自己的好机会，并勇往直前，用智慧和策略把一切不利于自己的因素消灭掉，我们才可能借由这次机会达到目的，最终取得成功。

第10章

用钱赚钱——掌握灵活的思考方式

20岁的年轻人没有资本，没有资金，甚至找工作都比较困难，但是随着不断积累升级，工作经验不断增加，收入也会水涨船高，财富也会越来越多。所以，在这个年龄阶段，需要正确思考财富，这决定了你30岁以后的生活品质。

打破常规，会有意想不到的惊喜

二十几岁的青年才俊要想获取财富，就要学会打破常规，以反常的方式取胜。这是由我们自身的条件决定的。和三十多岁的成年人相比，我们在经验和人脉方面都落后了一大截，所以，如果我们仅仅在传统的寻常道路上走，要想取得财富是不太现实的。但我们也有自己的优势，比如精力充足、没有家庭负累、脑筋灵活、信息广泛等，这是我们最大的优势，如果运用得好，我们也能取得不小的成绩。而对于同龄人来说，这是大家共同的优势，如果想在二十几岁的人中间脱颖而出，我们还要有更大的优势，这时，只有剑走偏锋，我们才可能超越同龄人，获得更多的财富。

美国大富翁亚墨尔在17岁那年加入了淘金者的行列。但因为淘金的山谷气候干燥，水源缺乏，寻找金矿的人要承受很大的痛苦。最痛苦的就是很难买到水喝，甚至有人说："谁能给我一瓶凉水，我宁愿给他一块金币。"

说者无意，听者有心。亚墨尔放弃了徒劳无益的淘金梦，开始寻找水源，挖掘水渠，并挖好了一个大水池。此后，他干起了担水桶提壶卖水的活，淘金的人们看到水比看到黄金还兴奋，于是一块块金币落入了亚墨尔的口袋。黄金渐渐难以找到了，很多淘金者失望而去，淘金热潮退去了，"不务正业"卖水的亚墨尔却得到了大笔的黄金。

赚钱的道路有很多条，淘金是一条，卖水同样也是一条。有的人存在着世俗的看法，认为只有体面、正统的途径才是赚钱的正道，是正确的方法。其实，方法没有好坏，重要的是能够达到赚钱的目的。“黑猫白猫，捉到耗子的就是好猫。”只要是方法合法，能够让我们获得财富，我们就应该采用它。

无论这种方法看起来多么可笑或者不能被他人理解。当然，在赚取财富的道路上，有些传统的方法，的确难以为我们年轻人采用。比如要动用大笔资金，而回报期很长的项目，即使我们能够通过借贷和风险投资获得大笔流动资金，如果未支撑到项目赚钱而资金告罄，就是一个危险的信号。再者，传统项目风险虽然不大，但是竞争者很多，利润空间也是有限的，传统市场发展已经非常成熟，在这样的状况下想要拥有一处立足之地是非常不容易的。即便我们拥有了一份这样的事业，可是成熟期后接下来的就是落寞。投资一份“夕阳”项目，显然不是我们所愿。

要想赚取财富，在人生的道路上领先一步，首先就要有不落俗套的想法和观念，否则就会被传统的观念束缚了手脚，有再高的财商也必毁于一旦。泡泡网的首席执行官李想，就经历过了这样的与传统思想观念斗争的阶段。

李想出生于1981年，在上高中时，就迷上了网站，为了办好自己的网站，他甚至主动放弃了高考。在我们很多人的眼中，放弃高考就等于放弃了希望，放弃了未来。李想家人对他唯一的希望也是好好学习。但他却不这样想，他坚持自己的主张，他认为，当时正处于网站建立的关键时刻，为了建这个网站，他除了吃饭睡觉，都在为这个网站工作，如果自己参加高考，上大学，起码要砍掉一半的时间，就无法全身心地投入网站的建设中，网站也就死了，而通过它赚钱的途径也将被堵死。后来家人终于被他的坚持打动，他开始了自己的创业计划，2000年，李想创办了自己的公司。2005年，利润达到了1000万元，2006年利润更是达到了4000万元，市场价值2亿元。

李想通过坚持自己的想法，不走寻常路，赚取了大量的财富。而一般的学生还在为学历苦读，为找工作挣扎，为糊口奔波。设想一下，如果当初他畏惧社会的评价，放弃了网站事业而读取大学学位，如今他在干什么？也许和我们一样正在为糊口奔波，为上司的命令不合自己的心意苦恼吧。

所以，要想超越芸芸众生，我们必须有自己不同寻常的观念，不走寻常路，我们才可能有一番作为。“天下熙熙，皆为利来；天下攘攘，皆为利往”，但在人群熙熙攘攘处皆是蝇头小利，且竞争者甚多。看看那些在市区繁华地段的店铺吧，他们的消费者大多是一些平民，或者有钱的“穷人”，真正的富人会有专门的衣橱顾问和代买服饰者，每一季都会有新款的名牌服装送货上门。所以，熙熙攘攘处注定收获甚微。冷清的道路上，反而可能有意想不到的收获。

二十几岁的年轻人如果意识到这一点，就会让自己少费很多力气，少做无用功。与众不同的方式才能够脱颖而出，鲜为人知的赚钱道路才能够获取更多的财富，所以，要想获得更多财富，我们首先要使自己在思想观念上与众不同，才能够在这种观念的支持下，走与众不同的赚钱道路，获得更多财富。

头脑灵活，创意是最好的资本

如果说富翁的传记可以给我们提供获取财富的规律，那创新就是财富的新爆炸点。创新超乎于旧规律之上，需要我们的头脑灵活变通才能够做到。20岁以后，年轻人一定要知道创新之于财富的重要性。创意本身无法标价，但它实施后所创造的价值却是无法比拟的。不要以为创新是科学家们的事情，只要我们事事用心，机会就会在我们身边出现，我们也能够做到创新。

有位中国老汉去韩国旅游，因为买了太多的韩国泡菜，双手提着费力，在路边折了一根树枝充当扁担而被罚款。老汉回中国后发誓要发明出一种提手，以方便人们提东西，洗刷在韩国受的羞辱。历经几年的研究和请教专家，找工厂加工样品，他终于发明了一种结实耐用、美观大方的提手。又几经波折，申请了专利，找到了外贸公司，出口该提手。一经韩国上市，就引起了人们的购买热潮，后来老汉又改进提手，使之有了弹簧秤等功能。一个小小的提手，使老汉成为百万富翁，而他之前只不过是一个普通的中国农民，后来他被请到北大演讲，被北大教授誉为“研究经费最少，为中国创造利润最多的最有价值的发明”。

创意常常取源于我们的灵机一动，往往是我们在生活中不经意的一个想法，它不需要多严谨的学术训练和精密的理论论证。只要我们对生活用心观察，善于思考，并大胆地坚持下去，我们就能够出奇制胜，如果再加上一点点对于创意的用心和对于财富的敏感，把两者有机结合起来，我们就可能获得可观的收益。

不但如此，如果我们善于运用创意，还可以把原本的劣势化为优势，把一文不值的东西变废为宝，世界上没有废物，只有放在不对位置的东西。放对了位置，废品也是黄金；放错了位置，黄金也是废品。创意有时候只不过是把合适的东西放在合适的位置。

有一位卖红豆的年轻人，收了一批有瑕疵的红豆。红豆被人们称为“相思豆”，和玫瑰一样，是爱情的象征。正如残败枯萎的玫瑰不受年轻人的欢迎一样，这些有瑕疵的红豆，也可能带给他不小的损失。然而，他没有就此罢休，经过短短的几天思考，他终于想出了好办法。他把那些红豆分了类，制作成不同的造型，取了不同的名字。比如，把那些皱巴巴的红豆，制成了“等你等到红颜老”，把那些红得发紫的陈年红豆制成“红得发紫，爱到心痛”，把那些有着明显疤痕的红豆制成“哪段爱，没有伤痕”，经过这样的创意和包装，这些有瑕疵的废品红豆一下引起了销售热潮，让他大大赚了一笔。

由此可见，创意并没有什么神秘可言，仔细探究，它是有一定规律可循的。即使我们做不到专业的水平，也可以在日常生活中小小创新一下。总结起来，创新大概有以下几个方法。

第一，也就是最普遍的创新。它需要一定的能力，但只要有相关方面的专家帮忙，则并不是难事，上文中老汉发明提手就是这样。这样的创新需要的是我们对于人们需求的敏感和对于这种发明的坚持，只要我们坚持下去，并把它和财富联系在一起，就不是什么难事。

第二，对于原有东西不方便的地方给予改变，就可能是一样新发明。比如，把帽子护住头的一部分去掉做成的耳罩就属于这样的发明。还比如把台式电脑改变为笔记本电脑，把原本只能吹冷风的电扇改为冷热风皆可的空调。

第三，原本不相干的两样东西组合起来，可能也是一项新发明。比如，为了避免丢失，把橡皮嵌入铅笔，创造了带橡皮的铅笔；把电池和自行车结合起来，创造出电动自行车；把电和压力锅结合起来的电压力锅等，不胜枚举。

第四，把适合的东西放在合适的位置上所谓的“文化创意”。比如在餐厅雇用盲人进行引导进餐的“黑暗餐厅”，被染成五颜六色的“迷彩服”等。创新并不是一件很难的事情，只要我们善用头脑，都能做得到，当然，能不能做到和财富直接连起来，就是一个人的财商问题。因此，有了好的创意，我们还要有把创新和价值等同起来的观念，才能够致富。世界上到处都是捧着金饭碗要饭的穷人，原因之一，就是他们不知道自己手里的最平凡的东西，正是人们最需要的，是可以给自己带来财富的东西。

所以，年轻人一旦有了好的创意，即使暂时不具备落实的条件，只要肯定它能够给自己带来财富，就应该把它当成资本，与有资本的人共同坐在谈判桌上。毕竟，创意只有跟资金结合在一起，才能够带来财富。

20岁以后，年轻人一定要认清创新是财富的引爆点，一定要好好运用自己的脑筋为自己创造财富，才有可能超越前人，成为一代“新富”。

洞察财富，捕捉每一次商机

思考是每个人每天都会做的事，但并非所有的思考结果都是正确的，也不是所有正确的思考都能够赚到钱。当面对财富的时候，只有与众不同的思考，才能够赚到钱。机会永远都属于有心人，对于一些司空见惯的现象，只有往深处想，才可能有新的发现。所谓“端着金饭碗要饭”的人，经常是一些对于自己拥有的东西没有财富敏感的人。如果想拥有财富，就必须具有洞察财富的能力，能捕捉每一丝商机。而这样的能力，来自每一次与众不同的思考。

对于金钱、机遇、风险、时间等的不同观念，将使你的生活与众不同。在我们面对每一件事时，我们通常都会根据自己的过往经验做出最直接的判断。那么，如果你今天还是一个穷人，并且你的判断总是为你带来麻烦，你的生活和财务状况每况愈下，你就需要换一种思维方式，不再用过往的经验去判断和决定一件事，而是做出和自己的初衷截然相反的决定，也许就会帮到你。

在一个企业里面也是一样，曾经有一位老总提出，听不到不同意见就不开工。对于一个具体策划，反对的人越多，公司越会执行，当然执行的方式可能有所不同；相反，如果所有人都看好的一个策划，那就要更加谨慎，甚至最终推翻。为什么？因为很多时候“真理掌握在少数人手中”，所有人都同意的一个方案，就意味着这个方案符合大众思维，但肯定不符合财富规律，所以要否定。

一个二十几岁的年轻人如果希望自己出人头地，就要把自己从大众思维中解脱出来，让自己的思维进入社会上前20%的行列中去。这就需要我们总结富人的思维规律，或者发现自己脑子里穷人的思维规律，并尽最大力量避免它。遇到一个项目时，不要急于否定或者肯定它，而是先问那些总是把事情做得一塌糊涂的人，应该怎样做，应该如何看待；再问问那些成功的人士应该怎样看待，应该如何做。在这样的对比中，我们最终就会找到正确的思维规律，找到成功的方法和赚钱的路径。

在很多人眼中，捡破烂是一件穷人做的事，它只能维持生活，要靠捡破烂成为百万富翁简直是不可能的事，然而，有人却做到了。

沈阳的王宏怀早年以捡破烂为生。有一天，他萌生了一个想法：捡一个易拉罐去卖，只能挣几分钱，如果把它融了，当成金属原料去卖，会不会赚到更多的钱？于是他把一个易拉罐设法融成了一块小小的银灰色金属，然后花了600元找了一个有色金属研究院做化验。结果显示，这银灰色金属属于非常昂贵的铝镁合金，在当时市场上的价格是每吨1.4万～1.8万元。通过换算，每融一个易拉罐比直接卖易拉罐要多挣六七倍的钱。于是王宏怀立即着手创办了一个金属再加工厂，向同行收购易拉罐来冶炼。同行们卖完易拉罐后去接着捡破烂，王宏怀却当上了厂长，三年赚了300万元人民币，成为一个富翁。

那些捡破烂的同行们从来没有想到几分钱一个的易拉罐可以赚大钱，而王宏怀想到了，不仅想到了致富，还想到了致富的具体方式，还花钱去专业研究部门化验，与众不同的思考方式让他赚到了大钱。如果我们不把自己的工作看成谋生的手段，而是仔细地思考其中的细节，想必我们也会有很多收获吧。面对赚取财富的问题更是如此，如果我们不是人云亦云，而是通过自己的思考来判断，相信我们会对金钱有更敏感的触觉，也就能赚取更多的财富。

二十多岁不是拥有金钱的年龄，而是让我们拥有赚取金钱手段的年龄。如果我们有了对金钱更敏锐的触觉，有了与众不同的头脑，就意味着我们有了更强大的赚钱手段，财富也会源源不断地流进我们的口袋。

年轻人要像富人一样思考

今天我们可以一无所有，但一定要有学习的勇气和自觉；今天我们可以没有眼光，但一定要知道哪些人有眼光，能够跟着他们的眼光走；今天我们可以没有智慧，但我们要有分辨智慧的能力，这样才能用别人的智慧武装自己；今天我们的头脑可能还不够敏锐，不够发达，但我们一定要有自知之明。

二十几岁的我们不可能拥有多么巨大的财富，但我们可以做到像富人一样思考。贫穷一定是有根源的，怎么知道不是自己贫困的习惯和思维束缚了我们赚钱的能力呢？思考支配决定，决定影响行动，行动造就结果，也就是说，有怎样的思考，最终就会有怎样的结果，今天贫困的结局，就是因为过去错误的思考模式造成的。今天，如果我们不能有一种新的正确的思考模式供我们做判断，那么，明天我们将继续过贫穷的日子。所以，没钱的时候更要学会像富人一样思考，这样才能纠正我们的思考模式，才能让我们的决定、行动都朝着正确的方向前进，我们才能够逐渐脱离贫困，成为财富的拥有者。

我们要学会的第一种正确的思考方式就是拥有正确的金钱观。金钱并不等同于财富，它只是一种观念。一个人只有拥有了支配金钱的力量，才能变得富有，如果你对金钱有依赖感，你对物质的需求永远大于你可能获得的财富，你赚钱的力量就会变小。金钱只是一种交换媒介，它本身并没有用，它能够为你交换来的物品和服务才是有用的。所以，如果一个人的安全感、依赖感全部来自金钱或者为你提供金钱的工作时，你就会变得离不开钱或工作，你就会为钱工作，这就陷入了穷人的思维模式。我们要学会的恰恰是要拥有控制金钱的力量，如果我们越需要钱，就越缺乏这种力量。如果你意识到“我本身就是有力量的，我的思想观念就是有价值的，即使我变得分文全无，我的身体和思想也能够给我带来足够的财富”，你就拥有了控制金钱的力量，你就能够学会让钱为你赚钱，让观念为你赚钱。即使你目前还处于一穷二白当中，你也会有力量感和满足感，这些就是一生使用不尽的财富。

一个想要变富的人一定要常常说“我需要控制金钱的力量”，而不是说“我需要钱”。正如你需要的不是金子，而是点石成金的方法。我们要学会的第二种思考方式就是，积极而理智地思考。每一件事物都有它的两面性，我们要学会从它的积极一面思索，又要尽量避开或者减弱它消极的影响。对于获取财富来说，机会往往都是伴着风险的，穷人通常只看到其中存在的风险或者蕴藏的巨大利益而忘了它的另一面，因此，他们不是因为恐惧不敢行动，就是因为盲目乐观忘了避祸或中了圈套，被套牢或被欺骗。有钱人对于机会是很看重的，但他们同时也在算计可能的利益值不值得冒风险，并在确定行动之后，设法把风险排除掉或者减弱。

1992年在西班牙巴塞罗那举行了第25届奥运会，一家电器商店在奥运会举办前贴出告示“如果西班牙在本次奥运会上的金牌总数超过10枚，那么顾客在奥运会期间购买的所有电器都会得到全额退款”。这个消息一下子在巴塞罗那市造成了轰动，人们纷纷从这家商店购买电器，因为这相当于赢得了一次可以免费获得电器的机会。而如果西班牙没有赢得10枚以上的金牌，一个家庭也总会需要电器的，在哪买价钱都差不多。

在奥运会刚刚进行的前几天，西班牙就取得了10金1银的好成绩，人们更是纷纷涌进了这家商店，很多人以为这次这家店一定赔光了。其实，老板早已看到了这次生意蕴藏的巨大机会，但也预料到了这次生意可能遭遇到的巨大风险，因此，他早在贴出告示之前就去保险公司投了专项保险。

所以，无论西班牙运动员的表现如何，这家店都稳赚不赔。大胆地放出了投资，却小心翼翼地为投资上了保险，这就是作为一个有钱人最典型的对待机遇和风险的态度。积极看待机遇的同时，理智地规避风险就是一个有钱人要做的事。

第三种富人的思考方式是对于金钱价值的理解。同一笔钱，让它发挥的作用越大，用途越广，它能够为你创造的价值就越多。在穷人的观念里，一笔钱只能做一件事，而在富人的观念里，一笔钱，甚至一笔目前还不属于自己的钱就能够为自己做不少的事。美国船王丹尼尔·洛维格开始创业时一无所有，但他想出了一个借鸡生蛋的好方法，他先向银行贷款买下一艘货船，然后改装成一艘油轮，再把油轮租给一家有信用的石油公司来赚钱。但他在贷款时遇到了难题，银行需要抵押物。丹尼尔和盘托出了自己的计划，并把改装后的油轮租契交给银行，银行只要直接向石油公司收租金就可以了。这样尽管没有抵押物，但银行也没有任何风险，因为改装后的油轮租给的石油公司是极可靠、极有信誉的。考虑再三，银行把钱贷给了他，丹尼尔买下了一艘旧货轮，并成功地改装成了一艘油轮。在这之后，他并没有等待，而是又用这艘船作为抵押，贷款买下另一艘船，进行改装，这样循环往复，当一艘船的租金付清了银行贷款，以后的租金就归丹尼尔所有了。

在这个例子中，丹尼尔仅仅用了一张租契，就盘活了一笔资金，在油轮运行的同时，又变成了抵押物，油轮不仅仅为自己挣钱，还为自己盘活了资金。这种一物多用、一钱多用的方式为他创造了价值。

如果我们也拥有了这种观念，我们也能够运用资金和资产创造更大的价值。也许在金钱方面我们还需要更多的思考，无论是获取金钱还是投资运用金钱，我们还有很多的路要走，有很多的知识需要学习，而一旦我们学会了像富人一样思考问题，所有的问题都会迎刃而解。

变中求进，在创新中求发展

很多年轻人以为自己这个年纪只能给别人打工，发财致富是遥远的事情。他们觉得自己与富人最大的差别是资本、金钱、背景或机遇，其实，这些都是其次，我们与富翁的差距首先是头脑，然后才是钱袋和其他的东西。

思想是一笔宝贵的财富，有思想的人，精神是愉悦的。在现代社会，特别是在那些白手起家的富翁眼里，思想不仅是精神财富，还是可以物化的有形财富。他们正是运用了创新思想、创新思维，才使自己迅速发家的。

华莱士是《读者文摘》的创始人，他的发家具有鲜明的创意致富的色彩。

20世纪20年代，那时候还没有出现过一本文摘类的杂志。有一天，华莱士突发奇想:“人们每天都在为选什么样的文章看而发愁，他们没有时间和精力去判断哪些文章是好文章，哪些文章是不好的文章，那么如果我把文章选好再给他们看，他们一定会接受的。”说干就干，华莱士找出堆积在书房里的旧杂志，把这些杂志上最经典的文章摘录下来，然后分门别类，做成了一本与众不同的杂志样本。华莱士为自己的创举感到心潮澎湃，于是他把样本取名为《读者文摘》，寄给了一个规模较大的出版商。寄给出版商有两个目的，一是通过这个样本以达到出版商雇用他当编辑的目的，二是想要出版商投资创办这本杂志。

一周后，出版商打电话给他，说：“这是不可能的事情，没有谁会看这样的杂志，就好像没有人会吃别人嚼过的馍一样。”华莱士被拒绝了。但华莱士坚持他的创新，并没有放弃。在进退维谷时，他的夫人莱拉鼓励和帮助了他。莱拉也认为这是一个非常好的创意，《读者文摘》是一本与众不同的杂志，可以为忙碌的人们节约很多时间。于是，他们在婚礼前，从邮局寄出数以万计的征订单。当他俩度完蜜月回来时，已有1500个订户了。

就这样，《读者文摘》正式诞生了。1981年，华莱士病逝，但他创刊的《读者文摘》在世界浩如烟海的刊物中，以16种文字出版发行，年销量三千多万本，读者达到了一亿。

灵光一闪的创意就会为人类创造意想不到的财富，也会由此开辟出自己白手起家的道路。有人说华莱士是幸运的，在他那个年代，把好文章组合在一起，出版一本杂志，就能发家致富。但你要知道，第一个吃螃蟹的人并不是那么好做的。第一个敢吃螃蟹的人之所以伟大，是因为他让我们知道了这个世界上还有螃蟹这一道美味佳肴。一个好的创意思维本身无法标价，它实施后所创造的价值却是实实在在的。对于实力不足的普通人，如果能用好创意，常常会达到快速发家的效果。拿破仑·希尔在其所著的《思考致富》一书中指出，是"思考"致富，而不是"努力工作"致富。希尔强调，最努力工作的人不一定会富有。如果你想变富，你需要"思考"，独立思考而不是盲从他人。希尔所说的独立思考，就是创意思考的前身。如果你也渴望快速致富，如果你有志改变自己的生活状态，对"创新思维"一定要有个明确的认识。

创新并不需要谁来指路，你的思维完全由自己操控。每一天都在变中求进，在创新中求发展，沿着这个台阶往上走，总有一天你会登上成功之巅。

第11章

克制自我——懂得自控才能走向成功

成功来自你对自己真正热爱和擅长的事业的专注，而非来自对每一偶然事情的挑战。所以，专注于你所要做的事情就是成功的第一大要素，年轻人只有善于克制自己，把精力投入工作和学习中去，完成自己的职责，才有成功的希望。

坚持自我，勇敢做决定

20岁以后，我们觉得自己已经足够成熟。一个人成熟与否的界定就在于自己是否能够对自己的人生行为负责。要支持这个观念很简单，法律规定，18岁以后的人属于成年人，如果犯了罪，就要对自己的行为负全责，而在18岁以前，你的犯罪行为是由监护人和社会负一部分责任的。所以，能否对自己的人生负责，是衡量一个人是否成熟的标准。

对自己的人生负责，其中一个重要的表现就是靠自己决定重要的事情。如果我们希望把自己的梦想变成现实，就要学会靠自己决定重要的事。由于眼界、恐惧等因素，我们往往不敢自己下决定，觉得自己还很幼稚，自己的决定也许会对未来造成很坏的影响。父母更是把我们看成小孩子一样对待，凡事小心翼翼，事事为我们准备好，决定好。从小到大，我们鲜有自己下决定的时候。功课的进度不是由我们决定，上不上学不是由我们决定，甚至兴趣爱好也是由家长代为挑选的。但是我们长大了，就要有自己的想法，自己的事情自己决定，自己的人生自己负责，才可能有大的成就。

每一个成功的人在走向成功的过程中，都会遇到各种各样反对的声音，因为你突然要从大众的80%里跳出来，进入20%的队伍里，变化让人不安，尤其是你周围的人，他们会出于各种原因而对你提出质疑。关键时刻我们要做到坚持自我，自己的人生自己决定。

那么，我们可以在哪些方面靠自己决定呢？

第一，对于自己要过一个什么样的人生的决定。想要什么样的人生，是由自己决定的。希望功成名就还是默默无闻？希望轰轰烈烈还是平淡无华？希望出世还是入世？每个人都有不同的想法，不同的决定。比尔·盖茨在哈佛求学期间就决定退学搞计算机事业，他的父母、朋友未必同意他的决定。但是，他决定了的事情，就不再更改。于是，我们有了一位没有哈佛学位的世界巨富。在哈佛校庆时，曾有人建议邀请比尔·盖茨参加，但是被哈佛大学否决了。他并不后悔，因为是他自己选择了退学，选择了创业。还有一位杀猪的北京大学毕业生，他对于众人的议论纷纷回答道："北大能够出俞敏洪那样的名人，也能够出杀猪的。这是我们不同的选择，因为我们追求的人生目标是不一样的。"自己决定过怎样的生活，是一种勇气，也是一种智慧。李白说："仰天大笑出门去，我辈岂是蓬蒿人。"那是一种入世的豪迈，陶渊明说："采菊东篱下，悠然见南山。"那是一种出世的淡然。我们希望有怎样的人生，是我们自己决定的，也要自己承担责任。入世的李白有"人生在世不称意，明朝散发弄扁舟"的苦恼，出世的陶渊明也有"草盛豆苗稀"的感慨。但他们都为自己的生活承担了相当的责任，为自己的后世留下了不朽的作品，所以他们同样是成功的。

第二，对于职业、事业或者学业的选择。是继续求学还是步入社会？是打工还是创业？是进入事业单位过一种悠闲的生活，还是进入企业打拼？每一个重大的决定几乎都需要我们自己下。那么我们决定重大事情的标准又是什么呢？是我们的人生目标。哪条道路是对我们有利的，可以更快达成我们的目标，我们就应该选择它。

第三，对于自己爱情、婚姻、家庭的决定。很多年轻人在选择自己人生的另一半的时候，不知道要用什么样的标准来衡量。有的人甚至用是否对自己的事业有帮助，是否能够为自己带来安逸的生活为标准。在这方面，林徽因女士用自己的智慧做出了最好的选择。林徽因是我国近代最美丽的女诗人之一，曾有诗人徐志摩、建筑师梁思成同时爱慕她。而她选择的标准是自己想过一种什么样的生活。她想要的不仅仅是诗人浪漫的爱情，她要的是能够与自己有共同的语言、共同的事业爱好，平等（当时徐志摩已有妻室）、能给自己的生活带来发展的婚姻。因此，她嫁给了梁思成，梁思成也真的给她的事业带来了发展，他们共同设计了人民大会堂。诗人舒婷也为我们描绘了自己渴望的爱情，她渴望的不是藤蔓的缠绕，而是树木的共同依靠。婚姻是一辈子的事情，在某种程度上，它比事业更为重要。不合适的婚姻，不但会造成自己在生活上的困扰，更可能给自己的事业带来巨大的负面影响。

如果一个事业繁忙的人，娶了一个希望时时刻刻待在老公身边的妻子或者不信任自己的妻子，那种挥之不去、弃之不舍的烦恼，对自己的事业会造成很大的困扰。相反，一个事业上的女强人，嫁给了一位希望妻子小鸟依人，照顾家庭的“斯文男”，也会消耗自己对于事业的热情。

20岁以后，也许你觉得自己还不够成熟，还不具备决定大事的能力，我们就要从小事开始做决定，直到我们的决定越来越正确，越来越趋于我们理想的状态，这时我们就可以做重要的决定了。

寻找适合自己的行业与工作

我们选择职业的标准一般是围绕自己的学习科目、兴趣爱好和擅长的事去选择的，但我们也要明白，世界上还有很多事、很多职业是我们所不了解的，也许在那里有我们擅长的、感兴趣的事。

一位白领厌烦了自己时装设计的职业，她更乐意和人打交道。于是考了一个个人衣橱顾问的执照，专门为自己的客户采购和搭配各季服装。如今，她每天忙于根据客户的体貌特征、职业、爱好等为客户量身选购出席各种场合的服装。有时间，还在世界各地飞来飞去，做服装买手，忙得不亦乐乎。几个每天忙于办公室争斗的小姐妹都羡慕她，但她们都没有她那样的勇气，舍弃月薪三四千元的职业去做自由人。无论何时，职场上都不可能存在一个可以让人从从容容工作的环境。

从很早以前起，日本企业就已经开始以业绩来作为考核员工的标准了。如果我们因为工作环境压力大这类的原因跳槽，只能说明你的能力有问题。但如果是因为企业不能够给你展现的舞台，这样的跳槽就是必需的。

当今社会，一定要向别人充分表现自己的才能，这样才能为自己带来成功的机会，企业也会变得更加强大。如果现在的公司无法提供我们展现自己的平台，那就可以考虑跳槽了。有句古话说“真人不露相”，意思是说越有能力的人越谦虚，其实，与其理解为它要求我们不能表现自己，不如理解为一种免去后顾之忧的处事技巧。也许会有人觉得虽然看不到什么前途，但在公司的待遇还不错，而且还不知道跳槽会遇到什么样的待遇，因此不应该从公司辞职。

实际上，只要是“真人”，就不用惧怕跳槽。在一个公司学到了足够的东西，就要尝试着跳槽，寻找更适合自己的职业和平台。在过去100年里排名前100位的企业，现在已经看不到一家了。“现在是名企，未来会怎样呢？”关于这个问题，时间已经向我们说明了一切。企业的寿命一般为30年，一项事业的寿命一般为10年，这种更新的时间在今后的社会中只会提前，不会滞后。所以，跳槽，转行，只不过是迟早的问题，世界上不再存在“铁饭碗”，跳槽这种事宜早不宜迟。越早转换不同的行业，有不同的工作经验和人生历练，自己越能清楚地了解不同的领域，也会越来越明晰自己到底最擅长哪个行业，最喜欢哪种职业，也就能够尽早找到最适合自己发展的平台。

但是，我们也不可以茫然而无目的地频繁跳槽转行，要有正当的原因，正确的目的，才可以选择跳槽。如果我们因为压力大、和顶头上司不对脾气、和同事之间竞争激烈等原因跳槽，就是不明智的。现代社会是一个竞争的社会，每个企业内部，每个行业之间，人际关系都是错综复杂的，能够当上主管，必定有他的优势；能够与你竞争，必定有他的理由。因为一时的愤愤不平而辞职是最不值得的。我们跳槽的目的是要找一个更适合于自己发展的平台，而不是在几乎同样的职位间跳来跳去。

林某从外国语言系毕业，曾在不同的公司辗转做一些助理、文秘的工作。工作内容不过是打打英文文件，接接客户电话，公司的核心业务根本轮不到自己。她换了很多家公司，依然干着差不多的事，于是辞掉了工作，去充电学习茶艺，她最大的愿望就是利用自己的外语优势去向外国朋友们介绍中国的茶艺。她的跳槽对于我们来说，就有借鉴意义。如果自身的条件限制了我们的发展，无论怎样跳槽也不能解决根本问题。

所以跳槽的前提就是，不抛弃原有的优势，但绝不做与原来相同或者大同小异的工作。社会上的新职业越来越多，基本上都是从传统行业衍生出来的职业。如果我们能够利用自己原有的优势，再加上一些时尚元素，想必就能够进入一个新行业。而不是从事与原来八竿子打不着的行业。除非我们确定自己的确不适合原来的行业，我们才可以考虑转行。

但转行毕竟不像跳槽那么简单，转行除了是一个机会，还是一种冒险，要承担经济上的风险和精神上的压力，所以要成功转行，还是需要细细思量。挖掘自己在不同方面的职业兴趣、职业气质和能力，了解自己是否适合在某一行业发展，找到自己的职业潜力在哪个领域才会得到更大限度的开发和挖掘，才能够使自己转行具有更明确的目标。

对于所选择的行业的发展趋势，要有一个全方位的了解。比如所选行业的发展前景，要知道只有朝阳行业才更有前途，才能带给你更多的机会。全面、真实的了解，才会让我们避免盲目，不要随随便便跳进去了，才知道本以为的大海不过是一条稍宽一点的小溪。要真实、确切地了解行业内部的信息，不能仅靠报纸或杂志的介绍，最好是有几个该行业的内线，随时提供最可靠的消息。

清楚自己在各方面的各项能力，对自己有一个准确的定位，才能做到不跟风、不盲从。准确地跳槽、转行。找一个好的切入点，也就是大公司的合适的空缺职位，会让自己的转行生涯更加顺利。

总之，无论跳槽还是转行都是一件重要的事，年轻人至少要有跳槽经验，尝试过跳槽，才能找到真正适合自己发展的行业和职业，找到合适自己发展的平台。

做好时间管理，拓宽生命的宽度

一个人生命中的时间是有限的，我们怎样用有限的生命，探索无限的自然和社会，完成尽量大的事业？这就要求我们合理分配我们的精力，让我们在有限的人生中，完成尽量大的事业。

20岁以后，人必须明白怎样分配自己的时间和精力，才能够让我们实现资源最大化，成就大业。

第一，把时间和精力用在最能创造效益的地方。我们的时间和精力是有限的，我们只能做自己最应该做的事，最能创造自己人生价值的事才会有大的作为。怎样做自己最应该做的事呢？我们要掌握两个原则：首先，不要把精力浪费在一些毫无意义的事情上。

生活中，我们经常见到许多人，一天到晚忙得焦头烂额，但忙了大半辈子，还是一事无成，两手空空如也。为什么呢？因为他们一直把多数精力花费在无意义的事情上。在追求成功的道路上，最勤快的不一定是最有成就的。如果把自己的精力浪费在一些毫无意义的事情之上，那么即使再出力流汗，再勤奋努力，我们也将碌碌无为。阿克苏·美仑说：“明智的艺术就是清醒地知道该忽略什么的艺术。”20岁以后，我们除了要学会珍惜时间之外，还要学会有效地利用时间、管理时间。这就要求我们首先要对自己所做的事情进行甄别，剔除那些对于我们来说毫无意义的事情，使我们的时间和精力得到最有效的利用。

其次，分清事情的轻重缓急，只做最重要的事。在日常生活中，除去那些毫无意义的事情，仍然还有许多事情需要我们去做。事实上，只要我们愿意去做，工作中的事情永远都做不完。我们的时间和精力却是有限的，所有的事情看起来好像都有做的必要，那么我们又该怎样安排自己的时间呢？

查尔斯·史瓦波，是美国伯利恒钢铁公司的总裁。他曾一度陷入公司的文山会海里不能自拔，终于有一天，他亲自拜会著名的时间管理专家阿维利，向他请教时间管理的秘诀。阿维利递给史瓦波一张空白纸说："我们来做一个实验，先在这张纸上写下你明天要做的最重要的五件事。"史瓦波照他所说写下了五件事。"用数字标出每件事情对于你和你的公司的重要性次序。"阿维利又说道。史瓦波只用了不到两分钟，就把这些事情标出来了。阿维利看了看他，把那张纸折叠起来，递给史瓦波，对他说道："从明天早上开始，你就按照这张纸条上所写的第一件事去做。不要看其他的，只看第一项。着手办第一件事，直至完成为止。然后再去做第二件事、第三件事……直到你下班为止。如果直到下班为止，你只做完第一件事情，那也不要紧。因为你总是做着最重要的事情。"临出门的时候，阿维利说："这个实验你爱做多久就做多久，然后给我寄张支票来，你认为值多少就给我多少。"几个星期之后，史瓦波给阿维利寄去一张2.5万美元的支票和一封信。信上说无论从哪个角度看，这都是他一生中最有价值的一课。此后，史瓦波每天都坚持这样做。

后来，他又叫公司所有的人都这样做。五年之后，这个当年不为人知的小钢铁厂一跃成为世界知名的钢铁厂。

后来，史瓦波成为亿万富翁。他把这个用2.5万美元买来的方法概括成了一句话——只做最重要的事情。我们做事情时，一定要先分清事情的轻重缓急，做出最佳的排列组合，就能够使我们从繁忙中解脱出来，创造最高价值。

第二，在做最重要的事时，善于统筹规划，这样可以节省我们的时间。有计划、有秩序地做事，可以节省我们的时间。我们不能增加时间的长度，却可以拓展时间的宽度。也就是一时几用，比如，我们会在日常生活中，一边听广播，一边洗脸刷牙；一边等计算机启动，一边梳头；一边做家务，一边听有声书。在工作中我们同样可以做到一时几用，拓展时间的宽度，达到事半功倍。比如，我们可以在等待传真复印的时间里，给客户打电话；可以一边等电话一边整理今天需要的资料；一边听别人的汇报，一边把这些汇报资料整理成文档，并做出批示。这要求我们对工作有相当程度的熟练，做到熟练，有秩序，会统筹，学会一时几用，就等于拥有了加倍的人生。

第三，用好闲暇的点滴时间。大部分人都是利用别人荒废的时间锻炼自己，崭露头角的。作为二十几岁的年轻人，我们总是埋怨自己的时间太少。与此同时，我们却对生活中的点滴时间视而不见。鲁迅先生说："时间就像海绵里的水，只要肯挤，总是会有的。"他把别人喝咖啡的时间都用在了写作上，即使在病中，他也坚持写作，直到生命的最后一刻。

20岁以后，我们的工作会逐渐忙碌起来。也许我们不再有完整的时间供我们写作、练琴或者读书。但如果我们能够抓住三五分钟的点滴空闲时间，读一页书，写几行字。一周下来，我们也会有很多的积累。善于积少成多和利用业余时间做有价值的事，是我们增加自己人生价值的一大方法。周一至周五用来保持不落人后，周六和周日用来超越别人。

如果我们能够秉持这样的态度做事，一定能够成就大业。同时我们有很多的时间用来乘车、排队、等待等，如果我们利用好这些时间，比如，在乘车时听有声书；在排队时，记几个单词，在等人时在心中默记一段乐谱，把这些时间利用好，我们也会有不少的收获。超越别人有很多方法，其中最有效的就是利用点滴时间。

20岁以后，我们要明白自己的时间和精力都是有限的。有一种紧张感，拥有分配时间的能力，能够让我们在很多事情上超越同龄人，而超越就意味着成功。

融入职场，适应各种职场法则

各种隐形的职场法则，是对职场明文规定的一种补充，我们必须尽快适应它们，才有可能尽快在职场上立足。虽然某些职场上的隐形规则看起来很庸俗，但如果你不遵循它们，就会给你的职业生涯带来很多麻烦。

20岁以后的年轻人，绝对不要只看到纸上规定的东西。规矩是死的，人是活的，还有很多隐形规则需要我们去适应。比如“职场欺生”，不会有任何公司规定这方面的事，但很多刚刚进公司的新员工都有当小弟、当小妹的经验。对于隐形规则这种东西，如果你唾弃它，你就可能连步入社会的第一步都走不好。我们要抱着“存在即合理”的态度去对待它，才有可能在社会上顺利做事。

进入社会，我们要尽快适应以下各种做事的原则。

第一，闯荡职场，忠诚第一，能力第二。在公司里，上司需要的下属包括两类：一类是能干活，为他分担工作中的困难；一类是忠诚于他，彻底贯彻他的意志。如果你是个只干活而看不出对他多忠诚的人，你一定没有太大的晋升机会；如果你忠诚而没有很强的业务能力，没关系，晋升机会也会有。有时候，忠诚比能力更稀缺。你需要有能力，但不一定必须有很强的能力，同时对于上司要体现忠诚，苦力活你来承受，功劳归他拥有，这才是晋升的最快途径。

在公司里，你只有一个老板。也许有人会说，老板上头还有老板呢！但是，能指挥你工作的人只有一个，这个人常常拥有对你工作的评议权，甚至直接决定发给你多少工资。这正是“县官不如现管”，你必须要对你的直接老板负责。你所要做的，就是绝对支持你的老板，配合他的工作，成为他的亲信。当然，如果老板已经引起他的上司的反感和所有人的一致愤怒，决定要罢免他，你就势必要与他保持安全距离。

第二，交友的隐形规则：“没有绝对的朋友，也没有绝对的敌人；没有永远的朋友，也没有永远的敌人，只有绝对和永远的利益和原则。”如果一个人仅凭脾气秉性，任性地与同事或上司交往，就会树立很多敌人，因为在每个公司里，都有很多错综复杂的人际关系，要想绕开这些复杂的关系，不被卷入“党争”的旋涡，就要学会坚持一些原则，学会独善其身。尊重他人的隐私，不要逾越别人的心理距离，不要进入同事的私人空间。不说闲话，不听是非，沉默是金。这些可以为你赢得好人缘，得到同事的尊重，上司的重视。

第三，创新规则：不要触及核心成员的利益。改革创新，突破现有思维，为公司发展而努力，经常是老板们挂在嘴边以及教育下属的话。但任何一个在位的职业经理人，都会在意自己能在这个位子上坐多久。为了这个目的，他当然会关心业绩指标和考核，但保持公司的稳定是前提。

有一些不明就里的下属提出业务创新，由此可能会出现核心人员的变动，或者冒一些不可确定的风险，这样的创新，老板是会有所顾忌的。就像商鞅变法一样，如果你忘了核心成员的利益，即使你创新，变革成功，也会落得一个很悲惨的下场。

第四，恋爱原则：尽可能不要搞“办公室恋情”。华为曾规定公司管理层以上员工，禁止本单位内结婚。宝洁也有一条不成文的规定，若同一部门的人恋爱结婚，其中一方必须辞职或更换部门。

大多数公司虽对办公室恋情没有明文规定，但潜在规定是一定有的，这是为了避免人事关系过于复杂，避免原本保密的薪酬数据泄露，造成部门间的忌妒情绪。年轻人应尽量避免产生办公室恋情，谨慎处理八卦传闻。如果恋情真的发生了，尽量别在上班时间碰头并尽量减少独处时间，不要把私情带进办公室。尽快适应各种职场规则，是一个新进员工必须重视的事。只有这样，你才可能在职场上游刃有余。20岁以后，我们要学会适时地勉强自己，尽快适应社会。

年轻人要修炼健康的心态

前面，我们提到了要积累、修炼成功的性格和心态，那怎样修炼成功的心态呢？的确，健康的心态可以让我们受益良多，可以带给我们成功的人生，这是毋庸置疑的。但是，世界上的性格千千万万，心态更是各种各样，怎样的心态才算是健康的心态？我们要怎样修炼，才能让自己拥有健康的心态呢？

20岁以后，我们的性格已经基本定型，让它做出改变是非常难的事。但我们可以做到改变自己性格中的缺点，加强自己性格中的弱项，在职业中发挥自己的性格优势。扬长避短，才能制胜。人性中不乏缺点和弱点，需要我们做出改变和完善，但是缺点和弱点是不一样的。

凡是对于自己有害，对于他人、社会也有妨碍的就属于缺点，这样的缺点我们必须改正，比如狭隘、自私、贪婪、多疑、不诚实，如果我们的性格中含有这样的缺陷，一定要改掉，因为它不但会害自己，还会害别人。凡是对自己有害，而对社会危害不大的性格缺陷，应该属于性格弱点，比如满足、自恋、懒惰、悲观、骄傲、任性等，这些只能属于弱点，而并非缺陷。但是，无论是性格缺陷还是性格弱点，都会妨碍你走向成功。要知道世界上没有人生下来就是完美的，但每个人都能够通过学习来改变和提高自己。重要的是，我们能够认识自己的缺点，不回避，不讳疾忌医，这样我们才能更清醒地认识自己。更清醒才会更自信，不断反省自己，认识自己的不足，并努力去改正和弥补，我们才有机会变得更强大、更健康。除了天生的性格以外，人们还要注意自身的心理健康。

怎样的心态才是健康心态呢？它包括积极、热情、充满活力；有理想，有追求；意志力顽强，百折而不挠；果断，有勇气。这样的心理，就应该是健康的。对于追求成功的人来说，首先，我们必须要有明确的追求目标。如果一个人没有理想，没有追求，就缺少了成功的动力。如果不知道最终的目的地在哪，即便是千里马又有什么价值呢？而只要有一个既定的方向，有一个目的地，即使是普通的马，甚至驽马，也能够最终到达，只不过是晚点而已。马克思立志要做“最能为人类社会服务的事”，达尔文立志要做自然生物学家，因此，尽管马克思处境窘迫，达尔文懒惰贪睡，最终他们却能够达到自己的人生目标。

还有的人，一天到晚无聊之极，他们最常说的话就是“好无聊”“好没意思”，无精打采，事事被动，从来不积极主动地追求一个目标，也从不热情地期盼某事，因此，他们的日子总是笼罩在灰暗当中。这样的人天生缺少活力和力量，他们的生命力不旺盛，精神力量也不强大。他们对人冷漠，对事敷衍，天生没有投入感，这也是一种心理的不健康。还有一种人，他们平时趾高气扬，仿佛一切不在话下，一旦遇到困难挫折，则陷入一蹶不振的境地。或者一遇到诱惑，就会不由自主地改变既定方向，不能够坚持下去。

这样的人，他们的意志力薄弱，不能经受挫折，对诱惑也无能为力，不能控制好自己的情绪和意志，也是一种软弱无力的心态。有的人遇事总是优柔寡断，没有足够的勇气和决心，这样的人，遇到困难容易退缩，遇到机遇也容易在犹豫中放弃，这种心态也要不得。

那么，怎样的心态，才是一个成功人士必备的心态；怎样的心态，才能够让二十几岁的年轻人脱颖而出呢？健康的心态应该是这样：当一个二十几岁的人站在人生的门槛上，他年轻，充满活力，清醒地意识到自己拥有应对一切危机的力量。他是世界的主人，没有任何形式的虚弱，没有任何生命中的残缺。他精力旺盛、体力充沛、意志力坚强，他有战胜一切困难的勇气和决心，有旺盛的生命力和强烈的成功欲望。

这才是年轻人应该有的生命形态和心理状态。其实，只要拥有旺盛的生命力和顽强的精神力量，任何时候，我们都能够走向成功。富兰克林曾在70岁高龄时还能露营野外；格莱斯顿84岁时每天还能行走数公里，还能紧握船舵，到了85岁时，还能够砍倒大树；拿破仑可以24小时不离马鞍；布瑞汉姆可以狂热地连续工作176个小时，也就是7天7夜零8个小时。这是怎样的一种生命狂热，这样的生命有着怎样的热度、韧性和力量？

如果我们用这样的热情度过自己的一生，就没有不成功的可能。成功很多时候不在于努力程度，而在于热情程度，足够的热情将融化一切。所以，20岁以后，如果我们是比较慢热的性格，如果我们没有疯狂地追求过什么的经历，那么让我们从现在开始就设定一个目标，并为之奋斗吧。享受生命的激情，活力四射地做事和积极顽强地追求理想，这样的生命状态，这样的积极心态会把成功带到我们身边。

拒绝拖延，人生需要行动力

拖延会使一个人裹足不前，拖延的原因来自恐惧和习惯，我们一定要改掉拖延这个坏毛病，让自己立刻有效地行动起来，才能避免被拖延拖累，失去我们可能美好的未来。二十几岁的人往往工作繁忙，有时自己想到一个计划，通常拖几个月都来不及实施，直至计划泡汤，自己最终也一事无成。

拖延包括两个方面，一方面是事前的犹豫不决，另一方面是做事的过程中拖拖拉拉，拖泥带水，总是不能及时利落地完成计划。事前的犹豫来自恐慌或者及时享乐的心态。对于恐慌，只要我们能够克服恐惧心理，就能够做到及时行动，不再瞻前顾后，优柔寡断。对于这样的拖延，只要我们行动起来，事情就会顺利地发展下去，甚至遇到困难也能够主动克服。另一种拖延就比较难以解决，它来自内心深处的懒惰和享乐念头。

大家都听过寒号鸟的故事，寒号鸟因为在冷夜体会到冬天的冷酷，于是哆嗦着说："明天就垒窝"，而一旦白天到来，处在暖洋洋的阳光下，寒号鸟又忘了昨天经历的悲惨，只顾着玩乐，喊着："太阳出来了，今天真暖和，明天再垒窝"，就这样日复一日，寒号鸟最终冻死在一个寒冷的夜里。

我们何尝不是这样，往往在关键时刻体会到一件事的必要，于是吩咐自己有了时间一定要做某事。而一旦我们有了时间，我们就会忘掉事情的始末，最终消耗掉了难得的一天，就这样日复一日，我们生活在“明天再做”的虚幻里，结果青丝变成白发，回头一看才发现自己一无所有，一事无成。“明日复明日，明日何其多。我生待明日，万事成蹉跎。世人若被明日累，春去秋来老将至。朝看水东流，暮看日西坠。百年明日能几何？请君听我明日歌！”希望每一个年轻的人，都要记住这首古诗。

其实，我们每个人的骨子里，都有拖延的坏毛病，只不过成功的人可以克制住自己内心的懒惰之情。而有些人则习惯找各种各样的借口一拖再拖。比如：今天状态不好；今天风太大；昨天累了，今天歇一天吧。就是这些借口让我们的计划离自己越来越远，让我们的未来越来越没有希望。如果我们能时刻想一想将来凄凉的晚景，也许我们就会在今天加倍地努力。

有些年轻人做事常常虎头蛇尾，开始的时候，壮志在胸，一副不做出大事绝不罢休的样子。热情只能维持三天，直至后来一点动静都没有，计划也半途而废。面对这样的拖延，我们有必要做好计划，在总的大目标之下，做出每天强制的计划，比如每天必须写500个字，或者每天必须记十几个单词，做不完，就不要睡觉等。一旦我们给自己上好弦，停下来的可能性就小了很多。还可以做完一个阶段的工作，就总结一下自己的成就，明确一下自己已经做完的事，让自己的成就感克服自己的惰性。给自己一个奖励，使自己能够坚持下去。还有的拖延是干事不专心造成的。比如一边工作，一边听广播；或者一边做事，一边吃零食等。一心两用，办事效率很低。这样，一天能够做完的事，往往要拖上两三天。有人喜欢很多事情交叉着做，总是先做完自己喜欢的事，然后难题就搁到了一边，或者手上做着一件事，脑子里却想着另一件事，于是，事情总是做得不尽如人意，并且做得很慢。

面对这样的拖延，我们唯一的方法就是强制自己专心做一件事，做完一件事再做另外一件事，绝不交叉进行。先做自己不喜欢的事或者有难度的事，再做自己感兴趣的事。总之，为了应对拖延，我们可以想到很多实用的方法。关键还在于我们的内心要对拖延造成的后果有足够的认识，这样就可以帮我们改掉自己的坏习惯。

最后，把明代画家文嘉的《今日歌》送给所有的年轻人做礼物，希望每个人都可以从中领悟到拖延的坏处，做到珍惜时间，立刻行动。“今日复今日，今日何其少！今日又不为，此事何时了？人生百年几今日，今日不为真可惜！若言姑待明朝至，明朝又有明朝事。为君聊赋《今日诗》，努力请从今日始。”

第12章

调整心态——主动付出才能有所收获

20岁的年纪，或许没钱没能力，吃苦则是必然的。拿着微薄的薪水，住着廉价的租房，过着吃上顿没下顿的生活，还要面对生活、工作随之而来的压力。但是，在这个时候懂得付出，将决定你30岁以后的生活。

每一次失败都是一次机会

一个成年人，心理成熟的标志之一，就是正确地看待很多事情。所谓挫折，就是你在人生的路上不小心摔了一跤，虽然很疼，但是你已经大了，不可以哭，这样看待挫折的人，肯定心胸宽广。而我们要的是更为积极的看法和应对方式，即每一次挫折都会给我们带来进步，每一次磨难都是我们生活的老师，每一次失败都是一次机会。有抗挫折的能力，才能有成功的机会。

面对挫折，我们要学会遗忘。面对挫折带来的压力，把内心的悔恨说出来，利于自己痛改前非。但是，不可将曾经的过失当作宝贝似的念念不忘。为曾经的过错长期不能释怀，是弱者的表现，也是愚蠢的做法。千万不要用自己的错误永远地惩罚自己，也不要用过去的错误不断折磨自己。要想生活愉快，要想顺利实现目标，必须学会积极地遗忘，遗忘已经过去的一切，特别是干扰自己心情和事业的所有事情，都可以遗忘，把主要精力集中到“现在”，集中到“今天”，把对挫折的灰心，颓废的情绪，变成对今天，对现在的严格要求，要求自己去吸取经验教训，盼望更美好的明天，比一味地追悔要有更积极的意义。逞强的人都好胜，不甘人后；完美主义，对自己要求严格；不满足现状，总是感到没达到自己的要求；不允许自己失败，将失败看成无能的表现和惩罚。后果可想而知，超越能力去做事，只能适得其反。对逞强好胜的心理，必须调整、清理，才能够正确地面对挫折和失败。

要知道，面对新事物，必定有输有赢，遇到挫折，我们只有战胜对挫折的恐惧感，才有可能迎来成功的机遇。当你遇上害怕做的事情时，只要敢试一试，就会觉得并没有什么，并没有你原先想象得那么可怕。

怕了一辈子鬼的人，一辈子也没见过鬼，恐惧的原因是自己吓唬自己。世上没有什么事能真正让人恐惧，恐惧只不过是人心中的一种无形障碍罢了。不少人碰到棘手的问题时，习惯设想出许多莫须有的困难，自然就产生了恐惧感。遇事你只要大着胆子去干，就会发现事情并没有自己想象得那么可怕。

小时候，我们不敢学外语，不敢学小提琴，不敢下水学游泳，不敢在课堂上提问，不敢上台讲演，明知这件事不对也不敢说个“不”字等。但渐渐地，这些事，我们都做过了，它并没有我们想象得那么困难。因为成年人的鼓励，我们克服了恐惧的障碍，事实上，只要把一件事或一个动作重复千遍以上，所有的事情都没有那么可怕，所有的事，我们都能胜任。尽管没有人在身旁鼓励我们，但我们也会自己克服恐慌。只要记住，在尝试新事物的过程中肯定有输有赢，但你如果因为惧怕失败，什么都不敢去做，那就是自动投降，就会一输到底，我们就能够更客观地对待内心的恐惧情绪，也会更勇于尝试。

成功之路，往往是由一块块失败之砖铺成的。对于二十几岁的我们来说，真正的挑战往往不是挫败带给我们的损失，而是挫败对我们信心的打击。那些最后获得成功的人，并不是因为他们比别人失败得少，而是他们绝不因为失败挫折而丧失信心，总是在失败中寻找一些积极的东西。

周杰伦3岁的时候就表现出惊人的音乐天赋。母亲拿出多年的积蓄为他买了架钢琴，教他弹得一手好钢琴。高中毕业后，他没有考上大学，不得不到一家餐厅里当服务生。但他没有忘记自己的音乐梦想，他几乎把所有的工资都用在了买音乐资料上，在业余时间，他一刻不停地积累着自己的音乐“资本”。后来，餐厅配备了钢琴，在人们惊异的目光中，他当上了钢琴师。

不久，经人介绍，他获得了一个演出伴奏的机会。他感到自己的机会就要来了，精神抖擞地投入伴奏。但事与愿违，他的伴奏音乐与歌手的歌声很不和谐，舞台下嘘声四起。那一次彻底演砸了，他伤心至极。但那家请他去伴奏的公司的老板发现他很有音乐天赋，请他去专职写歌。这是一个除了写歌，什么杂事都得做的工作，但这里至少有音乐的环境，因此他留了下来。过了一段时间，老板给他配了办公室，让他专职写歌。

总算找到了可以放飞梦想的舞台，他压抑已久的创作欲望喷薄而出，创作出大量的歌曲。然而这些歌曲，老板一首也没有看上。在老板看来，他的音乐天赋很好，可曲子写得怪怪的，不讨人喜欢。公司向明星推荐他的作品总是被对方拒绝。有的明星演唱了他的曲子，但并没有因此出名，反而把自己的演唱会搞砸了。从此，歌星们拒绝演唱他的作品。一次次的失败，把他打入了痛苦的深渊，但他始终不肯放弃自己的音乐梦想。

终于有一天，老板把他叫来，对他说："如果你能在10天内写出50首歌，我就从中挑出10首，为你出唱片专辑。"他感到自己简直就是在做梦，当明白这是事实时，他激动得说不出话来。这次，他要拼了！他一头钻进创作室，任由激情迸发，一首接一首地创作。饿了就泡方便面，困了就倒头睡一会儿。近乎疯狂的10天过去了，他竟然真的创作出了50首新作品！半年之后，他的第一张专辑一经上市就获得了巨大的成功，被歌迷们抢购一空。从此，他一发而不可收。在第八届全球华语音乐榜中榜评选中，他被评为"最受欢迎的男歌手"，直到他成为红透大江南北的华语歌王。

天才如周杰伦，尚要经历如此多的挫折，才能成为一代巨星，何况是平凡的我们呢？只要我们像他一样执着地追求自己的理想，不畏失败，我们也会得到自己想要的。

一个人如果一帆风顺，往往取得一点成就就沾沾自喜，他的事业反而会因此受到束缚，甚至一败涂地。与其这样，我们不如多经受一些打击与挫折。这些挫折会让我们对于胜败的心态更平和、更坦然，因此也更容易专注于事业，而忽视荣誉、胜败等附加的东西，我们就会更专注，更容易成功。二十几岁的年轻人与其为眼前的小小成功而欣喜，不如多经历一些失误、多受一些打击，这样对将来会更有利。当然，失误也有大小之分，只要不是致命的失误，经历过后对自己都会有百利而无一害。从这个意义上来说，二十几岁时的失误就是“交学费”。

幸运的是，对于二十几岁的人所造成的失误，周围的人都会宽容理解，但如果是三十几岁或四十几岁的人犯下同样的错误，就会被认为“作为职员很失职”，弄不好还会落个被解雇的悲惨结局。只有二十几岁的人造成的失误才会得到人们的谅解。因此我们更要积极为犯错和遭遇各种挫折做好准备。这样当机遇来到我们身边时，我们就能更快地发现它、抓住它，走向成功。

主动思考，主动做事

无论是为别人打工还是自己创业，我们都应该学会主动做事、主动思考，而不是听从别人的吩咐。积极主动地做事，会赢来上司的欣赏，把未知的祸患消灭在初级阶段，更是一个人聪明智慧的表现。

二十几岁的人一定要学会主动思考、主动做事，这不仅是一个人对生活积极主动的态度。更反映了一个人的主人翁意识和主动的心态。听从别人的吩咐做事和主动做事的心理绝对是不一样的，而事情的结果也会不一样。

通常，我们在听从别人的吩咐做事时，总觉得这件事是别人要求的，不是自己的意愿，结果好坏也与自己无关，因此也不会特别努力。做事敷衍别人，结果自然不尽人意。而一个人积极主动地要做一件事，通常就对这件事特别上心，亲力亲为，特别仔细、认真。所有人都有可能敷衍别人，却不会敷衍自己。只要自己立志要做一件事，无论经历怎样的困难，都要把它做好。而如果别人要求你做某件事，你通常会再三推托，实在推托不掉，也不会下很大的功夫。

这可从小孩子学习看得出来。很多小孩对老师留下的家庭作业不上心，不是匆匆忙忙花几分钟做完，就是一拖再拖，等到第二天上学之前，匆忙把作业做完。而对于他自己主动要求做的事，比如看童话书、画画、背唐诗、打游戏，甚至是做奥数题、学英语都特别认真，往往一看就是一个小时，还要家长提醒他休息一会儿，他才会休息，不一会儿，又沉浸到其中了。

笔者也经历过类似的事，有一次，我们科遇到一个难题，我当时主动要求自己做，当然，为了这个难题，我也付出了代价。我忙了整整一夜，翻阅资料，整理东西，最终我把难题解决了。这是我最心甘情愿的一次加班，我甚至可以不要加班费，免费忙一夜。

通过这件事，我们也可以看出，做完自己主动要求做的事，之后的心情绝对是不一样的，我们通常都会有特别满足的感觉，很有成就感。这和听从别人的吩咐做事也是绝对不一样的。如果我们常常自己主动找一些感兴趣的事来做，我们就会常常感到满足，有成功的感觉。如果我们连续地在同一个领域主动思考和做事，我们就会在这个领域取得不小的成就。所以，一名年轻的人，必须要培养自己主动思考、主动做事的品质。听吩咐做事，就连机器都能够做到，我们在这方面又有什么优势呢？

有一些职员，他们刚进公司的时候，往往不知道做些什么。因此，总被老员工指使得团团转，不是帮助复印资料，就是帮助沏茶倒水。一天下来一点收获都没有，直到经理吩咐他做些什么，这样的琐事才会结束。而有的同事刚一进来就会去请教经理，先明确自己的任务，然后埋头进入工作当中，这样的员工在工作中自然成长很快，收获很大，同时也最容易升职。

从简单一点的角度来讲，主动做事，主动思考，通常就是所谓的“攻”。“先发制人，后发制于人”，主动做事的人本来就比人先出发一步，当然更容易成功。积极主动的心态是所有成功人士必须具备的，要想不吃剩渣滓，要想做领头羊，就要先出发一步，主动做事，主动思考，才可能处在领先地位。

一个人之所以能成功，首先是他积极主动地想要干出一番事业，如果一个人没有这样的意愿，即使你把全天下的好运送到他面前，他也不会有多大出息。所以，我们更应该积极行动，要培养自己这种积极的心态，才能够在未来担当大任。

有三个人在砌墙，有人问他们："你们在干什么？"第一个人叹息着回答："老板要我们砌墙。"第二个人说："我在盖房子。"第三个人快活地答道："你看不出来吗？我在建造我们的城市。"结果二十年后，第一个人仍然在砌墙，不过他已经变成了指挥者；第二个人成了建筑工程师，所有的建筑都是由他设计的；第三个人更了不起，他已经变成了整个城市的规划师，在哪里建什么建筑物，都要由他来决定。不同的目标固然使他们有所区别，而是否拥有积极主动的心态，是否把自己当作主人翁，这样的意识更把他们做了一个明显的分层。

第一个人因为听从老板的命令，始终离不开别人的公司；第二个人听从自己的心声，所以他脱离了体力劳动，可以从事设计；第三个人最乐观，也最积极，他把自己当成了这座城市的主人，最终，他真的成了城市的主人，可以顺着自己的心愿规划城市。所以，二十几岁的人，起码要做自己的主人，主动地思考自己人生的出路，积极地做事，才可能取得更大的成就。

年轻人应全身心地投入事业

每一位成功人士都会谈到自己有一段时间忘我地投入工作。事实上，每一个希望达到成功的人都必须经历这一阶段。很多年轻人的精力是分散的，他们喜欢一边听音乐，一边做事，或者在工作时，还想着昨天和女朋友度过的美好的烛光晚餐。可以说，这样做事想要成功是非常困难的。

作为二十几岁的人，我们一定要记住自己的最高目标，每天一定要有一段时间全身心地投入一件事情当中去，这样，如果我们保证全身心地投入，不超过三年，我们就可能小有成就，事实上有些事甚至用不到这么多时间。我们之所以还是平凡的人，也许就是因为我们的精力不够集中，我们花费了很多时间在不必要的事情上。或者我们不够专一，三心二意的人是不能够很快取得成功的。每天只要我们花八小时的正常时间，全身心地投入工作，就足以使我们与众不同。如果我们愿意投入更多的时间和精力做事，我们就会变得很优秀。

布隆伯格说过："要想成功，仅仅喜爱自己的公司和行业是不够的，我们必须每天的每一分钟都沉迷于此。"他每天都很早上班，很晚才下班，通常只比老板工作的时间短一点点，因此，老板们都愿意跟他聊天，或者要求他帮助他们给客户打电话。在他26岁时，他就成了高级合伙人的好朋友。这跟他的投入精神是分不开的。他从来没有因为自己的工作影响了生活，也不曾因为工作太紧张或者太专注，以致忘记了晚上或周末的娱乐。他跟女孩子约会，去滑雪、跑步、参加聚会，比别人都多，还投入。他只是保证每天工作12个小时，但他取得的成就远比别人大得多。因为，他会在所有的工作时间里都聚精会神，一心一意，绝不做与工作无关的事。他在玩乐的时候，也绝不会想玩乐以外的事情。所以，他总是显得比别人更快乐，更投入，也更成功。

我们是否有这样的经历？当我们玩的时候，我们却总想着办公室里没有完成的计划表。当我们工作的时候，我们总是梦想着下班以后的美好时光，或者回味着昨天有趣的游戏。我相信大多数人都有这样的经历，也都为这样的事情苦恼过。有篇回忆李大钊的文章写到，他教育子女们说："学就要认认真真地学，玩就要痛痛快快地玩，绝不能一心二用。"这句话让子女受益颇多。只要我们有过一段全身心投入的经历，这段经历就会始终让我们骄傲，让我们受益匪浅。每当回忆起来，我们都会有非常满足的感觉。

泡泡网的首席执行官李想曾坦言自己有两年的时间除了吃饭睡觉，每天都是在为建立网站工作，甚至因此放弃了上大学。

惠普的女总裁费奥瑞娜，更是全身心充满激情地投入自己的工作。她每天工作10个小时，起劲地了解客户，了解市场，了解每一桩交易所遵循的手腕和策略。她弄懂了如何把公司哪些不同的服务和产品归拢在一起进行推销；她同时明白什么样的定价策略和一揽子赊销计划能帮她做成一笔交易，她每天投入尽可能多的精力进行学习和工作，所以才能够成为这个拥有七十多年历史的老牌科技公司的总裁，成为被美国《财富》杂志评价为最有权势的商界女性。

每当谈到这些，那些成功人士回忆到的并不是自己曾经沉浸在怎样的困苦当中，或者怎样疲惫不堪，而是他们都特满足自己曾经有那样一段全身心投入的生活。有时候，我们也能感觉到，当你熬夜完成一份计划书，或者状况非常好，在两个小时内，就做完了四个小时的工作，那时的感觉是，自己特别心满意足，特别兴奋，这比无所事事地待一个下午的感觉要好得多。

二十几岁的人没有家庭的负累，有的是父母的全力支持。如果我们这时没有全身心忘我地投入过一件事，当我们三十几岁时，一定会后悔，那时，再想忘我投入也是不可能的事了。房子要供贷款，水电费要交，物业费要交，妻子要你陪，孩子要你养，每天的琐事多得不可思议，再想像二十几岁一样投入，更加不可能了。所以，趁现在还年轻，全身心地投入到事业当中去吧！

你做好步入社会的准备了吗

20岁，我们已经过了风华正茂、意气风发的少年时代。20岁，我们即将告别自己喜欢和熟悉的校园，走入社会。社会到底是怎样的？它与校园和家庭有什么不同？我们即将有什么样的遭遇，会遇到什么样的朋友和对手？什么样的上司和同事？我们要怎样处理事情，才会恰当合理，不被人小瞧？闯荡社会，我们还缺少哪些能力？作为20岁出头的年轻人，我们必须对自己生存的这个社会和自己有一定的了解，才能够明白我们自己在哪些方面需要弥补自己的缺陷。

二十几岁不再是做梦的年纪，而是明确方向的年龄。古人说“修身，齐家，治国，平天下”，把修身放在了第一位，也就是说我们必须首先使自己更加有实力，更加适应社会，才能做到使社会受益。思考让人更有深度，更有魅力，更成熟。我们固然要有远大的理想，但更重要的是解决我们身边的事，怎样解决我们将要面对的问题。智商、情商、挫折商、财商，缺一不可，那么，学校教给了我们哪些能力，又有哪些是它没有教给我们，需要我们在社会实践中，慢慢摸索领悟的呢？走上社会，我们还缺少哪些能力呢？

首先是规划的能力。它属于智商的一种，但不是所有人都能够从学校教育中学到它。我们在学校的课程，都是老师们帮我们规划好的。二十几岁以后，需要我们自己为自己的人生做出合理的规划。比如，是考研还是到社会上先磨炼一段时间？是在这个职位上继续努力，还是跳槽？这样或那样的决定都有哪些好处，哪些缺点？怎样的选择才能够为我们的未来带来好处？两个高中时代的好朋友，他们在同一年考取了同一所大学，但他们的命运却大相径庭。

王学的是物理机械专业，本科毕业以后，觉得工作不好找，于是决定考研，考上研究生以后，没有待在机械领域，反而去了一家公司担任管理工作。虽然他对业内的业务很熟练，但因为他缺少管理经验，几年下来，他还是没有升职，薪水也仅仅维持在4000元左右。他谈女朋友要有一定的支出，在北京租一套房子也花费不菲，一个月下来，基本上没有结余，到现在还没有买房结婚。三十多岁还在为基本的物质生活奔波，他觉得自己是一个生活的失败典型，其实他最大的败笔，就是没有规划好自己的职业生涯。而他的朋友张，大学专科毕业以后，立刻找到一个职业规划师帮他规划自己的人生，他学的是酒店管理，酒店管理不需要很高的文凭，规划师建议他先找一家大酒店实习，一边实践自己学到的知识，一边攒一点钱，四年后到瑞士去学习酒店管理，学成后再利用自己学到的先进经验管理酒店。他听了规划师的话，到国外镀金回来，待遇的确不一样，国内的很多大酒店纷纷为他开出了优厚的待遇，他的日子过得轻松而闲适。

虽然他们都不能说有多大的成就，但在20岁以前他们还站在同样的起点上，30岁的时候，一个人还在为温饱操劳，一个人却开始逐渐实现自己的理想了。这不能不说是一个巨大的差距。这个差距，恰恰是对于职业的规划带来的。所以说，如果不能仔细地规划好我们的职业，那我们的人生就会出现偏差。

其次是说话、办事、做人的能力。它属于情商的范畴，但不是所有人都具备。要想处理好各种人事关系，就要明白社会和校园、家庭都是不一样的。在家庭中，父母通常以儿女为中心；到了社会上，大家都会有各自的利益，难免有利益相斥的时候，遇到这样的事我们怎样处理？社会更注重和别人合作的能力，在校园我们通常各自完成作业，即使有合作，也是不涉及利益关系的。因此友谊比较单纯。但走入社会，人们需要更广泛、更深入的合作，如果我们和别人的合作、竞争关系搞不好，为人处世失去了必要的分寸，把握不好相处的尺度，就极容易陷入人际纷扰。

所谓会说话，就是考虑好自己的立场、自己的地位、听话的人、说话的场合、说话的技巧才说话。所谓天时地利人和，缺一不可。“饭可以乱吃，话不能乱讲”，我们这些在学校里直肠直肚，有话就要说的人，一定要在开口前三思，才能给自己少树敌。所谓会办事，就是要分清事情的轻重缓急，办事前掂量好自己的身份、立场；办事时把握好火候、尺度；同时，弄清并遵守一些办事过程中所涉及的规则。那么，我们办事的技巧就会日臻成熟。

所谓会做人，就是能够坚守自己做人的原则，把自己修炼成一个能屈能伸、大智若愚、内方外圆的人。达到了这样一种境界，不但可以保全自己，更能实现在复杂的社会环境中修身养性，成为一个受人尊敬的人。

闯荡社会，离不开说话、办事，社会总是垂青善于说话、巧于办事的人。巧说话，会办事，会做人，才能在社会上立足，甚至无往而不胜。

最后我们需要学会理财。学校不会教我们有关财务的知识，当然，财务专业毕业的除外。但并非只有专业人士才需要学会理财，今天我们也有必要学会它，否则我们就会在社会越来越进步时，变得越来越贫穷。在这个经济主宰一切的时代，掌握理财的能力，就掌握了一半的命运。现在，越来越多的年轻人已经意识到了这一点，如果你还在“一心只读圣贤书”，希望你打开窗子，看看外面的世界吧。

作为一个即将步入社会的人，我们想到的越多、越深入，就能让自己的能力越来越强，在社会上做事就会如鱼得水。那么，闯荡社会，你还缺少哪些能力？赶快把它补起来吧。

重视细节，让你做事更完美

老子说：“天下大事，必作于细。”20岁以后，无论是工作还是在人际交往中，我们都要重视细节，在细微之处下功夫。记住一个人的生日，送上一张小小的贺卡，比请他吃一顿大餐更能感动一个人；在工作汇报上加一些具体生动的数字，比大而化之的总结更生动具体，会让人一目了然；关键时刻，一个小小的动作更能反映一个人的品格。

一个女孩子去应聘，但因为她没有工作经验，也没有高学历，被人事主管拒绝了。女孩很失望，在她转身离开的时候，被桌上一枚钉子钩住了袖子。她在办公桌上找到了一个石镇纸，用力把那个钉子钉了进去。这一幕，正好被门外还没有走远的主管看到了。于是他返回了办公室，留下了那个女孩。女孩奇怪地问他为什么，主管解释说，她看到钉子挂到了袖子，而不焦急怨恨，埋怨自己，说明她不是一个怨天尤人的人；而刚刚被公司拒绝，却没有怨恨，没有置之不理，说明她是一个心胸宽广的人；立刻想到用桌上的镇纸，来敲钉子，则说明她是一个观察细致入微的人。这样的人做事必定妥帖，细致，必能有一番成就。果然，不久这个女孩在公司就有了一番作为。

重视事情的细节，会让我们的工作更完美，更生动。注重细节才能到位，演员们对自己拍摄的戏，不光是对于所演人物的心理有一定的把握，在表情动作上符合标准就可以了。为了更好地把握角色，他们会有更细致的举动。

在《建国大业》里，张国立饰演蒋介石，为了演好这一角色，他翻阅了很多蒋介石的资料，甚至他习惯用哪只手拿拐杖，在哪个情节中，手套拿在哪只手里，他都要翻阅当时的图片资料，反映史实，用正确的姿势刻画人物，反映内心，这样细心，这样敬业，自然让一干后进敬佩不已。而斯琴高娃在饰演慈禧太后的戏里，加进了慈禧踩着李莲英的肩膀下轿这一幕，让导演啧啧称奇。一个不经意的小小的动作，更反映了角色飞扬跋扈的性格。不仅演员如此，在生活中，但凡卓越人物，对于自己从事的事业都力求精益求精，在细节上下工夫。

世界上最重视细节的国家莫过于德国，他们对一件事情的认真程度达到了执着的地步。一家德国设计院曾为南非建造了德赛公园，他们设计时考虑到了南非的方方面面，包括气候，季节、地理、环境等。比如，他们为了南非的雨季，不但给整个公园建设了地下设施，还把整个公园整整垫高了两尺。为了避免给聚会造成不便，发生安全事故，他们把大门修得宽敞而方便。他们为了石板地坚如磐石，用到了防水防腐蚀的石板材料。这一切也许你听来不觉得细致，而只要看看南非其他由自己国家建造的公园就知道德赛公园的优势了。南非人自己动手建了克克娜公园，初建成时漂亮而气派，但是雨季来临时，它被淹在大水当中；举行聚会时，狭窄的公园大门让人感到十分拥挤，甚至造成了安全事故；炎热的夏季到来，它的凉亭变成了花架子，容纳不了多少人；几年后，公园的石板地磨损严重，不得不返修。克克娜公园不断返修，修修补补，已经花掉了建造两个德赛公园的钱，而德赛公园一直如常，多少年没有变样。在中国，也有其例，德国人建造的地铁内运用自动门，使地铁内的空调绝不会浪费，他们建造的地铁台阶又宽又大，避免了拥挤等。他们把事情做到了极致，他们严谨的精神使世界上的一切民族都钦佩不已，这就是细节的魅力。

在每一个细节上下足功夫，并且把它变成一种习惯。久而久之，日积月累，这就会成为我们生活的一部分，成为一种自然。不知不觉中，我们成功的素质得到了一次次的提升。对于二十几岁的我们来说，成功是一股认真的心劲儿，一种长久的积累。当我们把每一件小事都做到极致、把每一个细节都做到完美时，成功自然而然就来了。

有人说“做大事者不拘小节”，那不过是在无奈情况下的一种选择。刘邦的父亲被绑在城头威胁，刘邦只好“做大事不拘小节”，宁愿背上不孝的骂名，也不能弃城投降。项羽怕背上谋害有功之臣的骂名，行妇人之仁，放走了刘邦，反而被逼自刎乌江。无奈之下，只能“做大事不拘小节”。事实上谁都希望自己在世上留下完美的名声。“细微之处见精神”，我们做事就要注重细节，在细微处下功夫，才能把事情做到细致，做到完美。而对工作敷衍塞责，粗制滥造，我们迟早也会自食恶果。

20岁以后，我们要重视工作中的每一件事，把工作做细，是成功的前提，我们一定要重视细节，不能再莽撞、粗枝大叶地对待工作。

台上一分钟，台下十年功

每个人的成功都不是一蹴而就的，更多的是靠资源的积累。“万丈高楼平地起”，靠的是一砖一瓦的堆砌。每个人的成功都必须经过时间的酝酿，不断的准备，如果我们想在三十几岁获得成功，就必须在二十几岁开始积累自己的资源。所谓“十年磨一剑”不是开玩笑，每个人都必须经历实践的考验，才能一步一步走向成功。成功不是空想而来，也不靠盲目激动，它需要充分的准备，需要长时间的沉淀，需要厚积薄发。

俗话说“台上一分钟，台下十年功”，如果你想享受成功那一瞬间的荣耀，就必须在平时就注意积累资源。对于成功的积累是一个不断锻炼、不断学习的过程，也是一个不断吸收经验、不断充实自己的课程。当你在某个阶段有了足够的积累，你的人生将发生质的飞跃。人生的成功之路就是这样靠一个台阶一个台阶地堆砌出来的。这个世界上的成功人士，大多数原本也是普通人，只不过他们通过积累、沉淀，建立了自己的成功资产。那么这些成功资产包括哪些资源，又需要怎样的努力和积累呢？

一个人的成功素质，可以总结为：人、事、物、己四个字，只要在这四个方面注意锻炼和积累，每个人都会成功。“人”，在这里指的是他人，也就是广泛而有效的人脉资源。“事”，“世事洞明皆学问”，这里的事，不是指人事，而是指学问，也就是宽广而深厚的专业知识。“物”，指的是雄厚的资金力量，也可以泛指所有资本；“己”，指的是个人，也就是个人在性格和心态、道德方面的修炼。顽强乐观的性格，积极健康的心态，将带给我们不断向上的光明的人生。

首先需要努力修炼的，就是一个人的性格和心态。“性格决定命运”，如果我们做事仅凭个人的好恶，就不能够公正和理智。缺乏了理智对于情感的约束，我们的判断和决定就会有失公允，就会失误，而有时一个失误就会毁掉人的一生。比如，为军需要刚毅沉勇的性格；为官需要多谋善断、理智严谨的性格；做诗人需要一颗敏感的心；做商人需要圆滑、精明的性格；谋大事的人，不仅需要沉稳的性格，还需要善用人性的策略。百行有百行的规矩，如果你有一颗愤世嫉俗、敏感多愁或者狂傲不羁的心灵，向往自由的生活目标却入世为官，相信你只能像屈原、李白、文天祥一样变成一个“千古伤心人”。

不同的性格能够从事的职业不同，我们在选择成功的方式以前，也要自审一下，自己的性格到底是否适合自己想要的事业？如果两者不同，我们有必要调整其中一项。“江山易改，本性难移”，我们通常要改变的是自己的选择和目标。但是，如果我们坚持自己的梦想，就有必要改变自己的性格，即使再难，也能通过一点一滴的磨炼，使自己逐渐改变。

当然，对于挫折、失败的心理承受能力，更需要我们一点一滴的磨炼与积累。无论什么样的职业，需要我们积累的共同心理特质就是积极、主动的性格。只要我们万事有追求，永远不停止奋斗，我们就会成功。积极行动会让我们的思想更光明，会不断地影响我们周围的人更主动、更有活力、更向上，这不但对我们自身有好处，我们身边的人也会受益匪浅，更会吸引一批积极、有追求、有理想的人在我们身边。

古人云“修身，齐家，治国，平天下”，这样的顺序并不是凭空幻想，而是通过大量实例归纳、论证的，所以，成功的第一步，就是自我修炼，积累成功的性格和心态。除了修炼自身之外，我们还需要建立自己和他人的良好社会关系。还要处理好自身和专业、资本之间的关系。人和物的关系是比较好处理的，因为无论是知识还是资本都是死的，只要我们善于学习，乐于积累，它们都会一步步丰厚起来。而人与人之间的关系是难以处理的，因为人是有思想的，两个人，甚至多个人的交往是相互的，沟通是双向的，任何人都不希望被掌握，被控制，被利用，所以，我们除了像学习知识一样学会与人交往，还要投入情感与之交流，达到双方的愉悦沟通，才算是建立了良好的社会关系。除此之外，我们还需要甄别有效的人际关系和无效的人际关系，回避无效的人际困扰等。

一个人简单，两个人复杂，三个人烦琐，人是复杂的动物，但掌握好了，别人的力量对我们的帮助也是无穷的。总之，我们只有弄明白了为什么要积累成功资源，要在哪些方面积累资源，才能更快地迈向成功。同时我们也要明白怎样做事、怎样为人才能更快速地积累各方面的资源。这样的思路才可能顺利、快速地让我们实现目标。

20岁以后，我们要做的事情很多，但我们在做每一件事的时候，都要有目的地培养自己在各个方面的能力，有目的地积累、沉淀、整合各方面的资源。这样当我们需要的时候，我们才能做好足够的准备，保证“一鸣惊人”。军事家常说“不打无准备之仗”，我们也要从今天开始就为成功做准备。

积累资本，为未来做准备

在成功的道路上，资金是不可缺少的要素。没有人能离开金钱生活，更没有人能离开资本创业。只有高投入或高风险才能赢得高效益，这是正常的做法，而那些低成本、高效益的做法，很可能是陷阱。因此，只有积累足够的资本，我们才可能进行较大的投资。

二十几岁的年轻人，刚刚从学校毕业，不可能拥有大笔的资金，我们积累资金的方法，就是首先节省下一部分金钱，用这部分金钱做资本，进行小的投资，直到资金越来越多。而20世纪80年代以后出生的年轻人，大部分都是超前消费者，“月光族”已经是普遍的了，很少人有存钱的观念。我们一定要明白，如果吃掉了资本，就会终身受穷。

如果你没有一定的储蓄来应对创业中的风险，如果你没有办法在创业的同时维持你的基本生活，如果你没有足够的创业资金，那么你只好一辈子都陷在为别人打工的境地之中。有一天不工作，你就会没饭吃；一个月不工作，你就会感到恐慌，如果你已经陷入了这个陷阱，建议你还是积累一点资金，为将来做准备吧。

古巴比伦最富有的人是阿卡德，他的致富秘诀是“当你收入10个金币时，最后，只花掉九个”，他认为“在赚的钱里，一定要存下一部分，财富的增长就像树的增长，最先是一颗很小的种子在发芽，第一笔存下的钱就像是财富成长的种子，一开始，不管赚多赚少，至少要存下十分之一的钱来”。因为这不仅仅使你的钱包变得膨胀，你的内心也会产生一种满足感，赚钱也比以前容易得多，而且你的发财欲望也会滋长。而如果一个人总是把赚到的钱花光，他就会产生一种赚钱的恐慌，会继续拼命工作赚钱。为了弥补他这种拼命产生的疲惫和心理饥渴，他又会把赚到的钱全部花光，甚至负债累累。最后，他就会陷入这样的循环怪圈而不自知。

治愈“月光族”存不下钱的毛病，首先要从他们的思想开始治疗，让他们对金钱有正确的认识，摆脱对金钱的依赖感。当然，这只是理性上的认识，最好的具体实施方式，就是强迫他们在每月月初存下十分之一的钱，最好是存在存折里而不是卡里，因为卡里的钱可以随时消费、随时提取。存在存折里，要告诫自己：无论发生任何事，都不可以动用。30个月以后，他们就会养成这样的好习惯。如果一个年轻人刚刚参加工作，不妨这样强迫他养成定期储蓄的好习惯。

当然，这只是第一步，也是最难做到的一步，只要做好了第一步。我们就可以进行接下来的步骤，比如，我们要审核自己每个月的消费单，把可有可无的部分划去，保持理性的消费观念，把钱花在该花的地方，省下的就是赚到的。很多人之所以穷，并不是因为挣得少，而是花得太多，社会上有不少人就属于这样有钱的穷人。据统计，北京很多繁华地段比如西单、东单、王府井大街的高级名牌商品大部分的消费群体，是那些高级白领、金领们。他们挣钱多，但绝不属于真正的有钱人。但他们都穿着阿玛尼的西装、夏奈尔的T恤，手上拎着上万块钱一部的手机，一副成功人士的模样。其实，只是为了弥补内心的不平衡，满足穷人的虚荣感。在世界上，那些所谓的“面子”是最没有价值的东西，有里子，才有面子；如果没有实质，外表再光鲜，也不过是“金玉其外，败絮其中”而已。

真正的有钱人，他们的每一笔钱都会花在刀刃上，他们用钱都是有目的的，用法也截然不同。他们认为，钱就应该用在该用的地方，绝不能够浪费。所以，如果我们希望做个有钱人，我们也有必要做到理性消费，绝不能够挥霍浪费。最后一步，当我们积累够了一定金额的资金以后，就要把这些资金当成“钱种”，用它来投资生钱。如何正确地播种“钱种”呢？首先就需要我们把钱交在熟悉的行业中，或者熟悉某个行业的人手中。比如，炒股的人会把钱交到“操盘手”的手中，而不是凭着自己瞎碰运气，或者把钱交在“投资人”“理财师”手里。只有傻瓜才会把钱交给不熟悉行业的人，比如把钱交给砖瓦匠去买珠宝，把钱交给公务员去办教育等。

合理理财，能够加速财富的运转。钱是在使用的过程中体现它的价值的，也是在流通当中增值的，我们只有加速金钱的流通，才可能得到它的附加值。关键是我们要有积极健康的理财观念，只要观念正确，我们就能迎来胜利。所以，我们只要用自己的智慧，就能够积累大笔的资金。

年轻人一定要拥有健康的消费观念和理财观念，只要有结余，并善于利用结余，我们就能够拥有大量的资金积累。有了一定数量的资金，我们要想有所建树，就比较容易了。我们一定要学会控制自己的欲望，为成功积累足够的资金。

懂得变通，出路总是有的

我们小时候就学习过愚公移山的故事，教我们学会坚持，学会勤奋不懈。愚公的精神固然值得学习，但是我们如果变通一下，用挖掘机挖石头，或者用炸药开山，不是能够更快地挖走大山吗？我们要会坚持，更要会变通，此路不通的时候，我们没有必要撞墙，却不妨转个弯。在没有证明目的是错的之前，我们可以变通方法；证明了目的是错的或者我们选择了错误的方向和路之后，我们更要及时回头，以免越错越离谱。

佛经上说“苦海无边，回头是岸”，我们大多数人需要的是回头的勇气，坚持需要信念，回头也需要勇气。二十几岁的年轻人一定要让自己学会变通。其实，只要是实用的方法，不管是否多变，都会让你的事业实现腾飞，让你更加成功。

被称为“商界不倒翁”的兰世立，他个人拥有中国东星集团，资产超过20亿元，这样大的产业，是当初他用300元创下的。他的销售方法灵活而多变，他个人不但善于坚守行业，而且善于变通方法。兰世立一开始在海南省政府工作，一次出差让他见识到了电脑。1990年后，他开始下海经商，凭借着从朋友处借来的700元和自己拥有的300元凑够了注册资金。经过一段时间的经营，他感到仅靠个人能力，不足以把公司做大。因此，他想到了一个好方法。他在湖北办了免费的打字培训班，并给湖北省72个县的各机关单位发信，邀请他们的办公室人员来参加免费的培训班，包吃包住，条件是当他们毕业时，每人带一台电脑回去，不用马上付款，使用期间还可以免费维修。

当时商品零售业大多是先付款后提货，没有人敢开先例。兰世立就是用这一招，在短短的一年时间里就卖了三千多台电脑，积累了最初的创业资金。方法无所谓好坏，只要有效达到目标，就是好方法。兰世立就是运用了自身在政府机关工作过的优势，运用了政府机关信守承诺的特点，才敢于后收货款。而开办打字培训班，就是一个香喷喷的钓饵。无论他的方法看起来是不是吃了很大的亏，是不是很傻，只要能够达到目的，傻办法也是好办法。如果我们用一种方法，屡撞南墙，就需要换一种有效的方法，换一种思路，懂得变通，我们才会更加成功。

当然，这是在我们的目标没有错的情况下，我们要学会变通方法。如果我们的目标选择错误了，我们不及时改正，就算更换一千种方法，我们最终也会失败。《西游记》里的孙悟空，他当初的目的是“皇帝轮流做，今年到我家”，结果七十二变的孙悟空也避免不了被压在五指山下的命运。后来，他选择了保护唐僧去取经的目标，结果终于立地成佛，修成了正果。如果我们不从现代道德和自由方面看这件事，仅仅就事论事，的确是因为孙悟空选择了众人愿意帮助他，也能够使他一身本领有用武之地的正途，所以才取得了成功。所以说，如果我们在某方面没有优势，或者得不到众人的支持，我们就要审视一下我们是否选择错了目标。方法不对固然让我们很难达到目的，但如果目标错误，则让我们离成功越来越远。比如过河，绕路太远，我们可以搭船，搭船不安全，我们可以建桥。而如果我们的目的地不在河对岸，而我们已经过了一半的河，我们该怎么办？很多人选择继续走下去，因为他们不舍得放弃以前付出的努力。

人生并不像过河那么简单，也不像过河那么明确。很多人不清楚自己错在了哪里，很多人明明知道自己目标选错了，却没勇气承认自己的错误，舍不得放弃已经取得的成就，没有勇气重新开始。这样的人注定不能获得最大的成功。

鲁迅先生年轻时曾经学医，但他意识到“学医只能医治肉体上的伤痛，却不能医治精神上的麻木”时，他立刻放弃了医学，投入文学当中。鲁迅先生在文学和医学之间犹豫了多长时间，我们没有实际的考证，但这段时间里他的内心一定充满了矛盾和痛苦。把已经走过的路原路退回，放弃已经取得的成绩，这不是一件容易的事。重新选择一个遥遥无期的目标更是一件需要重大勇气的事。有人在一个工作岗位上待了一辈子，明明知道自己不适合，却没有勇气重新选择，这也是一件悲哀的事吧。

变通方法容易做到，变通目标却很难办到。飞蛾明明知道前面的烛火是致命的，还要向着光明、温暖而去，这是宿命。我们现实中的人要明白，如果我们选错了方向，选错了目标，我们很可能就会随着目的一起逝去而毫无结果。只有勇敢地舍弃不适合我们的目标，舍弃曾经取得的成就，重新开始我们的人生，我们才会有所成就。

有人说，成功的过程就是坚持，坚持，再坚持，最后变通。如果我们坚持了很久，结果却没有达到我们的目的，我们就要试着学会变通，学会放弃。年轻的人要意识到这一点，并最终学着做到在适当的时候变通，我们的人生才可能既有波折，又有成就，丰富多彩，绚烂夺目。

第13章

纵横职场——用专业铺就锦绣前程

20岁以后，我们首先要适应的就是职场，在职场上，说话做事都有一定的规则，无论是公司规定还是隐形规则，我们都要好好遵守，才能在职场上如鱼得水。在职场上做事，离不开和上司、同事相处，我们要学会不暴露自己的缺点。既尊重同事、上司的权力、隐私，又留给他们一定的发挥空间。学会在职场上做人做事，才能工作顺利，达成升职加薪的最终目标。

端正态度，做一个称职的员工

在职场中，我们不能只做上级吩咐的事，如果只是按照指令行事，那么，机器可能做得更好，而且不会有背叛的危险。所以，如果我们指望着升职、加薪，指望着能够与众不同，引起上司的注意，我们就必须做一些不同的事，或者用不同的态度来做事。

20岁以后，我们更加成熟了，也就更加有主见了，我们必须学会主动地做一些不越权的事情，如果上司要我们完成一项任务，我们除此以外，还应该把这项任务延伸出来的广泛范畴的事也做好。

一个部门经理要求他的员工做一项市场调查，以便从比较优秀的员工中挑出一个做主管。部门经理要求他们调查一艘轮船上的某批丝绸的数量和质量，并以最快的时间把调查结果交给他。很多人在很短的时间，最快的甚至在两小时内就完成了任务，经理很满意，同时也踌躇于把主管的位子给谁。只有一位员工，直到快下班了才回到办公室把最详细的调查结果报告了上去。他的调查结果中，不仅显示了这批丝绸的质量、数量和价格，而且还对其他品牌的丝绸做了详细的调查。为了保证公司能进到最好的货，他还多要了几个货主的电话，以便将来进行价格的对比。当然，最终这位员工胜出了，获得了上司的青睐，升职为主管。

把自己分内的工作做好，只能算是一个称职的员工。如果你想成为优秀的员工，不仅要做好分内的工作，还要主动去做分外的事，了解一件事延伸出来的范畴。如果我们想做优秀的员工，就要有目的地做事，而不是刻板地做老板吩咐你的事，比如，我们可以随时了解公司动向，以公司动向为基础，了解老板让你做这件事的真正原因和意义，让自己明白做这件事的真正目的，然后为了达到这个目的去做不同方面的准备，让自己所做的事更漂亮，超出老板的期望，成为老板眼中的明星员工，这样老板才会重用你！

当然，不服从上司的命令是不可以的，如果你只做自己认为应该做或者正在做的事，而忽视了上司的命令，是不明智的。一个明智的员工应该懂得服从上司命令的重要性，这是验证你对上司是否忠诚的手段之一。上司希望你能够完成分派给你的任务——及时准备好书面材料、完成销售目标、具有一定的工作效率等。你必须要做到这些，而不是自以为是地做自己认为应该做的分外事。如果你的上司希望你做某件事，要是你不想去做，必须有靠得住的、合理的理由。服从是在职场做事最基本的要求。只要任务在你的职责范围之内，就应该圆满完成它。而不是找理由逃避任务，或者反抗上司的命令。

我们首先要做的，就是听从老板的命令，积极主动地完成老板吩咐下来的事。在职场中总有一些员工是不讨上司喜欢的：比如被动型员工，老板吩咐的任务，总是不能够按时按量完成，而是投机取巧，能偷懒就偷懒，能少干一分绝对不多干一点，这样的下属很招老板讨厌，绝不会得到信任和重用，当然，我们中很少有这种人。能够一板一眼完成老板吩咐下来的任务，这样的人是合格的员工，但晋升的机会也比较渺茫；只有不仅仅完成任务，而且完成得特漂亮，或者超额完成任务的人，做事永远超出老板的希望值，总是给上司惊喜的人，这样的人，才会受到上司的欣赏和器重。同时，我们做事也要滴水不漏，否则，就会带给老板惊吓，而不是惊喜。

一个真正会做事的人，不但会做事圆满，超出老板的期望，而且不会给上司威胁的感觉，不会让人感到有压力。他们做事到位而不越位，有主见而不自作主张，分寸极好，所以被老板欣赏。比如，在上面的事例中，那个市场调查员多做了其他品牌丝绸的调查工作，就是非常到位的事，而如果他比较了多家丝绸的质量、数量和价格，然后决定应该定哪家的丝绸，就是做了越位的事，因为这些是上级经理才可以考虑和决定的事。如果他真的帮上级做了，经理就会有威胁感，觉得有压力，因为下属能够做他职位上做的事，就意味着下属可以取代他，起码在能力上绝无问题。而且一个人一旦做了越位的事，就表示他有很强的野心，想取而代之，这样的员工绝对值得提防。

年轻的刚刚进入职场的人，做事的分寸通常都把握得不是太好，不是太锋芒毕露，遭到上司的冷遇，就是做事太保守，只求达到上司的要求，不求进步，不能把事做得更完善。如果我们想有进一步的发展，就要学会不只听命令行事，还要在不越位的情况下把工作做到位，做圆满，做完美，超过上司的期望值，才能让上级更加信任和欣赏你。

别做杂工，眼光要着眼于大事

虽然我们总说“一个人要从小事做起，踏踏实实地工作”，但并不是要求我们整天沉浸在一些杂事当中不求脱身。在办公室中做事，埋头苦干当然是必要的，但不能一味地埋头苦干，总做一些无关宏旨的小事。

二十多岁，我们刚刚进入职场时，帮助前辈们倒倒茶、扫扫地的确能够帮我们尽快熟悉环境。甚至可以让前辈们提携我们，但如果我们每天都把大把的时间浪费在倒茶、扫地的小事上，大家就会认为你只配倒茶、扫地、擦桌子，你就会变得没有时间和精力做一番惊天动地的大事。即使你有这个能力和时间，你认为上司会放心一个整天埋头讨好同事、端茶递水的小职员去做一件能够影响到公司未来的大事吗？不！尽管上司总是教训新来的员工“一屋不扫何以扫天下！”但是如果你总是扫屋子，就永远失去了扫天下的机会。保姆是这个世界上公认最能扫屋子的人，但她们很难有扫天下的能力。而那些真正扫天下的人，通常都是不拘小节的。

《陋室铭》中有句“苔痕上阶绿，草色入帘青”，作者可以算是最不勤于做小事的人，但是他却“谈笑有鸿儒，往来无白丁”，显然一副做大事的模样。这些话并不是要求大家做事不顾细节或者急躁冒进、不踏实，而是希望我们不要总是被小事缠身，在踏实做好自己的本职工作之外，要主动取得进步，并寻找机会做一件能够牵动公司利益的大事，吸引别人对你的关注。如果我们总是做无关紧要的、协助性的事，我们就会逐渐失去做大事的志向。而只有那些做大事的人，才能够真正获得老板的欣赏和器重，拥有更多升职加薪的机会。一个聪明人不会整日埋头苦干些小事，他们总是把精力放在重要的事情上。

除此之外，我们还要能做整事，不做杂事。我们要做整体规划，而不是总帮别人的规划做补充或修改。即使我们做了一百件帮别人整理文案、修改错误的事，也比不上我们自己做一份企划书或者市场报告、行销计划书等，所以那些修订、补充工作，让别人做去吧，你要把精力放在对事情的整体把握和全局上，而不是注重于细枝末节。

当然，这并不是要求我们不做领导吩咐下来的小事，而是在这些时间以外，不要总是做一些帮人复印文件、做文案之类的小事，那些会有专门的秘书来做，也可以由他们自己做。况且，做这种事并不能显示你的能力，也不一定会得到别人的感激。告诉他们你正在忙，如果他们能等可以等一等，或者找别人帮忙。总是做小事、杂事的人，还会因为总是做小事而使自己的眼光变小、变浅，不能从全局来把握事情的动向，这也是做小事最大的弊端。

做小事需要小的眼光，做大事需要大的眼光，习惯于小事会把你的眼光带到习惯当中去，就算别人给你大事来做，你也会应付不来。你能够想象一个小职员去处理总统的事吗？我们要做能够凸显自己能力或者可以提高自己水平的事，而不要做一些人人都能做的事。这就是为什么有时候选择比努力更重要。我们不仅仅要“努力工作”，更要“做对工作”，选择自己喜欢的职业是一方面，而在公司里负责做哪些事是更重要的一方面。

曾任微软公司中国区总经理的吴士宏女士，刚进职场的时候只是一个微不足道的角色。她每天负责端茶倒水、打扫卫生，连触摸当时被视为高科技象征的传真机都是一种奢望。而且时时会被人羞辱，但她并没有被埋没在这些杂事里，而是发誓有朝一日，她要能够管理公司里的任何一个人，无论是内地人还是香港人。她每天比别人多花6个小时用于工作和学习，不断地为公司作出贡献，不久就在同批应聘者中做了第一个业务代表，然后做了第一批本土经理，终至成为微软公司中国区总经理。这就是她勇于做大事的结果。

如果吴士宏女士用那些微不足道的杂事、小事压垮自己，既没有时间学习、进步，提高自己；也没有时间去做更重要的对公司影响巨大的大事。那她可能就真的沦为微软公司的清洁工或者被辞退。所以，如果我们有做大事的实力，不妨在大事方面多多努力，花费更多的精力，毕竟只有你为公司作出的贡献，才是衡量你升职加薪的最终标准。在一定程度上，懒于做小事，才能勤于思考，才能做大事。即使做大事的人总被嫉妒，只要你的目标不仅仅限于一个公司或者职场的小天地中，你就应该为提高自己的实力而努力。

20岁以后，我们要清楚浮躁冒进和做重要的大事之间的区别。前者是指能力达不到还急于求成，不屑于踏踏实实地提升自己的能力，从小处着手。后者是指具备了一定的能力以后，不要浪费自己的才华去做那些微不足道的杂事。前者是指一个百无一用的书生非要上战场，后者是让一个身经百战的将军不要去做站岗的小卒。所以，如果我们有能力，有经验，还是去寻找那些能够影响公司前途的大事去做吧。

协调合作比能力出众更重要

在职场上做事，除了需要一定的能力以外，还需要合作的精神。协调合作的能力比你本身的才华更重要，现代社会已经是一个分工非常精细的社会，任何单打独斗的方式都不再受欢迎，也不会建立更大的功劳。所以说，现代社会中的个人英雄少了很多，而更注重团体的合作和协调。20岁以后，如果我们不能和别人和平共处，不能在和别人的合作中生存，那即使你是一个才华横溢的人，也不能得到老板的赏识和重用，相反，为了让团体不至于因为你而解散或运行缓慢，他会解雇你。所以，在职场中做事，能够协调合作比能力出众更重要。

虽然职场是一个是非多的地方，但只要我们低调做人，谨慎行事，就不至于树立很多对手，只要我们凡事给别人留点余地，别人也不至于太为难我们。谈到合作，我们最重要的就是要懂得，我们在一起是在为一个目标奋斗，那就是公司的前途与利益。

只有公司好，我们才会好，如果我们内斗得一塌糊涂，就会耽误了工作进程，为了不阻碍公司的前进，老板势必辞退众人的公敌，无论他是谁。所以，我们要在一定的目标指引下，与同事互帮互助，共同进退，而不是为了出风头，成为公敌；或者为了自己的观念而触了众怒，这是没有好处的。

我们必须在为了共同利益和公司前途的基础上，及时和同事沟通，并把平时的一点小矛盾放到一边，尤其是在公司遇到危难的时候更要同舟共济，而不能继续争斗，更不能隔岸观火。所以合作的第一个要求就是“为了我们共同的利益”。

合作的第二个要求，就是“大家一起提高”。能够跟同事共同提高的人，会比自己单独提高的人有更宽广的胸怀，也更能和别人实现协作精神。你可以向同事请教他们的观点，学习他们的优势，但同时，你也必须把自己的独特观点表达出来，才能够互相学习，共同提高，对你们的工作更有利。如果你只想到向别人学习，而自己却不肯分享经验，这样迟早会被洞若观火的领导看出你自私的用心，你就会遭到淘汰。

合作的第三个要求，就是善于平衡各方面的关系，取人之长，补己之短。每个人都有擅长做的事，每个人都有优势，每个人的观点也都有可取之处，我们要擅长整合众人的观点、众人的优势，做成大事。而不是偏听偏信和搞一言堂，尤其是作为一个领导来说，更应该能够平衡持不同观点的下属们之间的矛盾，而不是加剧他们的矛盾，让他们内斗，消耗众人的内力。

合作的第四个要求，也是最高形式，就是双赢。让矛盾的双方都赢得这场战斗，公平竞争是一方面，两方的互相合作又是另一方面。在这个竞争的社会里，对什么人都不能够忽视，我们要做好一个项目，既需要策划力强的人规划好，又需要执行力强的人彻底执行，更需要宣传力强的人做好宣传，这不是一个人就能完成的。

做好一项工作，占主导地位的往往不是一个人的能力，而是各成员间的团结协作配合。很难想象一个别人都不愿配合的人，他能够做出什么大事。团结大家，有利于提升自己，更有利于和同事建立良好的人际关系。同时，这样的团体会牢不可破，更加有前途。你能想象一个到处都存在矛盾的企业会胜过一个人际关系和谐，大家有力一起使，有利一起分的企业吗?

在现代化的企业里，大家都有了团队制胜的观念，而不再崇拜个人英雄。对于职场新人来说，必须学会正确处理人际关系，才能够在职场上得以生存。

首先，我们要学会分享和合作，我们要学会和别人分享观点，才能够得到老员工的意见和看法；学会分享功劳，才会让大家和你的相处更愉快，人际关系更平衡。

其次，我们有必要坦诚布公，不虚伪，不奉承，不搞小圈子，才更有利于合作。

最后，学会容忍和妥协，对于职场上的一些根深蒂固的弊端，我们要学会以大局为重，在不涉及原则的问题上做一些妥协，才能够让我们在职场上更加畅通无阻。

善于合作的人，在人情世故上是非常通达的，他们会非常清楚地明白一些职场人的心理，并根据这些做出最好的反应。比如一名后进者升职，别人心里自然不痛快，他就会在别人需要帮助的时候及时伸出援手；会在他们表达不同意见时接纳与分享；会在上司夸奖团队时，报告其他人的功劳，这就是合作。而他们也是非常理智的，如果别人做了一件令他们心里不舒服的事，他们不会过分介意，而会想到在共同的目标下彼此配合。所以，能够合作的人更受老板的赏识，作为一个二十几岁的人必须学会忽略自我意识，重视团队意识，学会更好地和别人合作。

请遵守公司制度

无论我们认为职场的隐形规则多么重要，我们也不能忽视公司明文规定的规章制度，甚至在出现隐形规则和公司制度相矛盾的时候，我们一定要以制度为准，而不能一味遵守隐形规则。同样，无论你的地位如何特殊，也必须遵守公司制度。

如果公司把一件事上纲上线地规定出来，那么这件事就是极其重要的。我们做事就要避开错误的做法，尤其是职场新人，更不能和一些老人攀比和学习，要重视制度而轻视约定俗成的惯例，这样我们才可能避开一些陷阱。

某公司采购部职员有拿回扣的惯例，如果他们向某公司采购一批物品，就可以拿到一笔不少的回扣，当然采购的东西就因此昂贵了一些。刚刚进入职场的一位大学生不熟悉内部的情况，因此当上司交代他采购一批办公用品时，他就没有拿回扣，而是比较哪家公司的产品质量好而价格低廉，以此为标准进行采购。最终上司发现，这批办公用品质量很好并且比原来的便宜了好多，就悄悄地向销售单位了解情况，结果销售单位说他们有一个正直的好员工。领导才发现拿回扣已经成为习惯，尽管公司明文规定禁止做这样的事。但是，他又不能立刻批评、警告资深的老员工，因为涉及面太广了。这时，那位刚来的大学生犯了一个愚蠢的错误，他在听到老员工们的习惯之后，在第二次采购时，拿了一大笔回扣，就这样给了领导一个杀鸡儆猴的好机会。领导不但借机炒掉了他，更是名正言顺地对这项规定加强了监督。

所以说，公司制度忽略不得，尤其是对于我们这样刚刚进入职场的年轻人来说，公司制度几乎就是“金科玉律”，做事情时必须遵守。当然别人是否遵守，不在我们的管辖范围内，我们可以忽视。还有一些行为，公司没有明确的规定，但我们知道它是不被允许的，我们也必须从社会公德角度遵从正确的行为，做到不违法乱纪。

任何公司不可能把所有的违纪行为都写入规章制度，我们要确定自己的行为是否违纪，就要看自己的行为会给公司带来什么样的后果。比如，喜欢占公司的小便宜者拿私人的出租车、手机费来报销，用公司的公用电话煲电话粥；有些人非常自我，对同事态度恶劣；有些人倚老卖老，藐视管理者权威；有些人上班迟到早退，在上班时间内上网聊天，浏览无关网页等，这些违纪行为公司无法统统规定下来，但是我们应知道这些是不能够冒犯的，它虽然属于社会公德范围，但与公司规定一样都不可以违反，否则就会造成极坏的影响。它本身也许并没有太大的危害，但是请记住，公司是一个有其他人的地方，是一个公共场所。

如果我们任由这些行为泛滥，一方面，其他员工会效仿这些行为，这样我们的工作秩序就会被扰乱，团队效率就会下降；另一方面，如果其他员工不屑模仿，就会造成愤怒、敌对情绪，对整个工作环境都有一定影响；而有些行为，比如利用公司的计算机浏览黄色网页等，甚至会给公司的名誉造成极坏的影响。这些行为尽管公司不会做出明确的规定，但我们知道其危害巨大，也知道不会被社会认可，就应该自觉杜绝这种行为，这是一个人的修养问题。

有一些惯例不违背公司制度，又在道德界限比较模糊的地带，暂时也不会对公司造成太大危害，我们往往会放宽限制。但也并不是说我们可以钻制度的空子，有的人就会利用职权之便向公司推荐庸人，“举贤不避亲”，但并不是说可以“用人唯亲”。在这方面，公司不会作出明确的规定，社会也不会太谴责这种行为，这就需要我们有一定的自律能力了。

总之，对于公司的规章制度，我们绝不能忽视，更不能不以为然，其实只要是一个正直的人，不用太过刻意遵守就能够做到。但我们还是有必要熟悉一下公司的制度，因为这也是企业文化的一部分，通过公司的制度条文，执行的严格程度，我们就能大概知道公司的侧重面和执行力，何乐而不为？

如果我们把制度不当回事，员工手册一发下来就扔在一边，这不仅仅是对工作、公司的不重视，也是一种生活态度的不严肃，这样的人，我们无法想象把重大的责任交给他的后果。所以，二十几岁的年轻人一定要重视公司的规则制度，不能搞特殊，即使别人能，你也不可以，因为你是一个职场新人，还因为公司是一个大集体，是每一个人的家。

如何打造个人核心竞争力

在职场工作，我们的目标不外乎升职、加薪、建立和谐关系等，那么，我们怎样才能够赢得老板的器重和信任，以最快的速度升职呢？这里需要考虑几个因素：第一，你的目标职位是什么，你目前的能力能不能让你胜任这个职位，你还需要在哪些方面加强学习？第二，老板信任你吗？第三，你为公司做出了哪些贡献？第四，你比其他人有什么优势？我们要审视一下自己：我们有哪些优势？哪些可以加强，打造成我们的核心竞争力？

现代的社会是一个竞争激烈的社会，我们必须有比别人更多的优势才可能取胜。当然除了多以外，还要精深。20岁出头，我们不可能在经验、资历和人脉上胜过那些“老将”。所以，我们更要趁机加强自己在所长方面的优势，补足我们的劣势，才能够跟别人一较长短。怎样打造我们的优势，怎样使我们的优势成为核心竞争力，怎样使我们成为公司里不可缺少的员工？

所谓个人核心竞争力，是指不易被竞争对手效仿的、具有竞争优势的、独特的知识和技能。如果我们有独特能力或者技术，别人不能够立刻效仿，那么，我们就超越了很多竞争者，我们离升职就很近了。

那么，一个人的核心竞争力可以有哪些呢？我们又需要从哪些方面做努力？这首先就要看我们本身的优势有哪些，我们的目标职位又需要我们做哪方面的努力。如果你是个技术方面的一流天才，你的职位目标就应当是公司的咨询工程师或者高级工程顾问，而不是业务部门或者人事部门的主管，凭你的能力，即使你拼命去学着维持人际关系、扩展人脉或去做业务，你也不能够与那些天生领导组织能力较强的人比。更不用说胜过他们，我们得承认人是各有所长的，我们要守住自己的所长，利用自己的所长，加强自己的所长，并弥补自己不足的地方。

如果我们哪方面的优势都不十分突出，就需要我们培养一个突出优势，而这个优势应该正是你的目标职位需要的。比如你是一个在各方面都比较平凡的人，你就要根据自己目前的职位去确定一个目标职位，如果你只是一个小小的业务员，你就要在销售方面加以培训，在解决问题和语言表达能力上下苦功，这样根据你的业绩，你可能很快就会成为业务部组长或者经理。而如果你只是人事部的一名小员工，你就可以定一个人事部主任的目标职位，然后补充人力资源方面的知识，培养人际交往能力和识人能力，这样相信我们不久就能够在这方面有所收获。

鲁迅先生曾说过，一个人无论在哪个领域，研究过三年都能够成为这方面的专家，所以，我们的职场生涯长得很，足有差不多30年，足够我们升到顶级的职位。还有一种情况是，我们有某方面的天赋。比如我们天生对数字比较敏感，天生就有很强的人际平衡能力，或者执行力超强，如果一个项目或计划由你去执行，就会非常到位，或者天生就过目不忘等，我们也可以广为宣传我们的天赋，去加强它，说不定这也会成为我们晋升的优势。

曾有一个歌舞团的小杂务工，他什么乐器都不会演奏，但他有一项特长，就是给他一把梳子，他就能吹出一首非常好听的曲子，就是这项小天赋，让团长发现了他，在每次演出的时候，都加上这个小节目，来娱乐众人，最终他成为一名演员。所以，不要看特长小，只要认真培养，就能够成为我们的核心竞争力。

我们要认真寻找自己身上与众不同的能力（当然这种能力必须和你的工作相关，否则一个销售部经理大提琴弹得再好，于他的职业发展而言又有什么用），然后着手培养它，不久，我们就能够成为某方面的专家，是别人无法效仿和超越的。年轻人一定要在进职场的那一天就要意识到自己在哪方面有优势，有特长，着意去培养，让它成为你的核心竞争力，这样，我们的升职才能够有望。

领会上司意图，把工作做到位

工作的时候，知道老板的目的能够让我们更有针对性、更全面，做事也就会更加符合老板的心思，做事更加到位，升职也会更容易。这是我们工作的基本准则，可是有很多人只是听令行事而忘了问老板的目的。尤其是一些刚进入职场的年轻人，常常会无所适从，手忙脚乱之下，忘了这一点。

有一位经理要求他新提升的助手王某去市场上看看有没有大闸蟹，结果王某很快回来告诉他有，老板又问他："多少钱一斤？"然后他又匆匆离去，回来后老板又问他大闸蟹有多大个，结果他又跑了一趟，就这样来来回回三四趟，他才把事情办完。老板很不满意，于是唤来了他原来的助理，现在升任副经理的刘某，说："看着刘副经理是怎样做事的，然后学着那样做事。"经理吩咐刘副经理去买闸蟹，刘副经理问经理："我能问问它做什么用吗？""我要选购一些送给客户，还要自己买一些。"于是刘副经理就去了市场，不久，他就回来了，手里拎着一个大袋子，"我问清楚了，市场中有两家的大闸蟹比较好，一家的是40元一斤，一家的是60元一斤，质量都不错，很新鲜，只不过60元一斤的个头要大一点，如果是自己家吃，40元一斤的比较合适，如果是送客户的话，还是60元一斤的更好看一些，显得更重视别人。这个袋子里是我拿回来的两个样品，您看看要哪家的？"经理满意地点了点头，让他走了，然后对自己的新助理说："看懂了吗？"助理还是有点摸不着头脑，经理摇摇头说："如果以后你不知道我吩咐你做这件事有什么目的，不知道我的意图，你就要请教我，而不是自作主张地跑了一趟又一趟。"经过此事以后，助理终于开了一点窍，做事也慢慢让经理比较满意了。

我们在职场上做事，勤奋、努力固然重要，但是如果不知晓老板的意图，就会做出与老板的意图不符的事，更有甚者，会坏了老板的大事。所以，我们必须在做事之前就了解老板的意图，"抬"头苦干。怎样才能清楚老板的意图呢？

一般情况下，我们可以用5W2H法快速记录工作要点。一项工作在确定了大致的方向和目标之后，上司通常会指定专人来负责该项工作。如果上司明确指示你去完成某项工作，那你一定要用最简洁有效的方式明白上司的意图和工作的重点。此时你不妨利用传统的5W2H法来快速记录工作要点，即弄清楚该命令的时间（when）、地点（where）、执行者（who）、为了什么目的（why）、需要做什么工作（what）、怎么样去做（how）、需要多少工作量（how much）。在上司下达完命令之后，立即将自己的记录进行整理，再次简明扼要地向上司复述一遍，看是否还有遗漏或者自己没有领会清楚的地方，并请上司加以确认。

只要这样，我们就可以清楚准确地弄明白老板的意图和工作的程序，如果上司确认了你的复述，也就是对你关于目标的理解表示认可，你就可以进行你的工作了。这是在工作当中，我们要清楚老板的意图。在工作以外，我们还要学会大胆揣测老板此时需要什么。

参考文献

[1]逸青云.生命中最关键的十年20~30岁不虚度不后悔.北京：中国法制出版社，2016.

[2]廖之坤.这十年决定你的一生.北京：中华工商联合出版社，2015.

[3]文德.20～30岁，你拿这十年做什么.北京：中国华侨出版社，2015.

[4]邱文莉.20～30岁，决定你一生的关键十年.北京：中国宇航出版社，2014.